交通技工院校汽车运输类专业新课改教材

机 械 识 图

（第3版）

（汽车维修、机械制造等相关专业用）

张庆梅　廖建勇　主　编
赖玉洪　覃卫国　副主编

人民交通出版社股份有限公司

北 京

内 容 提 要

本书是交通技工院校汽车运输类专业新课改教材,依据交通运输、机械制造行业相关职业标准编写而成。本书共 6 个单元,主要内容为:图样的基本知识、投影作图、机件形状的表达方法、零件图、标准件和常用件的画法及装配图。

本书可供交通技工院校、中等职业学校汽车类和机电类专业教学使用,亦可供汽车维修、机械制造等相关专业技术人员参考使用。

图书在版编目(CIP)数据

机械识图/张庆梅,廖建勇主编. —3 版. —北京:
人民交通出版社股份有限公司, 2023.7
ISBN 978-7-114-18779-7

Ⅰ.①机…　Ⅱ.①张…　②廖…　Ⅲ.①机械图—识图
Ⅳ.①TH126.1

中国国家版本馆 CIP 数据核字(2023)第 083974 号

Jixie Shitu

书　　　名:	机械识图(第 3 版)
著 作 者:	张庆梅　廖建勇
责任编辑:	郭　跃
责任校对:	赵媛媛
责任印制:	刘高彤
出版发行:	人民交通出版社股份有限公司
地　　　址:	(100011)北京市朝阳区安定门外外馆斜街 3 号
网　　　址:	http://www.ccpcl.com.cn
销售电话:	(010)59757973
总 经 销:	人民交通出版社股份有限公司发行部
经　　　销:	各地新华书店
印　　　刷:	北京市密东印刷有限公司
开　　　本:	787×1092　1/16
印　　　张:	12.25
字　　　数:	215 千
版　　　次:	2004 年 9 月　第 1 版
	2016 年 11 月　第 2 版
	2023 年 7 月　第 3 版
印　　　次:	2023 年 7 月　第 3 版　第 1 次印刷　累计第 22 次印刷
书　　　号:	ISBN 978-7-114-18779-7
定　　　价:	36.00 元

(有印刷、装订质量问题的图书,由本公司负责调换)

第3版前言

为适应社会经济发展和汽车运用与维修专业技能型人才培养的需求,交通职业教育教学指导委员会汽车(技工)专业指导委员会陆续组织编写了汽车维修、汽车营销、汽车检测等专业技工、中高级技工及技师教材,受到广大职业院校师生的欢迎。随着职业教育教学改革的不断深入,职业学校对课程结构、课程内容及教学模式提出了更高、更新的要求。《国家职业教育改革实施方案》提出"引导行业企业深度参与技术技能人才培养培训,促进职业院校加强专业建设、深化课程改革、增强实训内容、提高师资水平,全面提升教育教学质量"。为此,人民交通出版社股份有限公司根据职业教育改革相关文件精神,组织全国交通类技工、高级技工及技师类院校再版修订了本套教材。

此次再版修订的教材总结了交通技工类院校多年来的汽车专业教学经验,将职业岗位所需要的知识、技能和职业素养融入汽车专业教学中,体现了职业教育的特色。本版教材改进如下:

1. 教材编入了汽车行业的最新知识、新技术、新工艺,更新了标准规范,并对新设备、新材料和新方法进行了介绍,删除上一版中陈旧内容,替换了老旧车型。

2. 对上一版中错漏之处进行了修订。

本书是汽车类和机电类专业技术基础课教材,全书图例均采用三视图与轴测图穿插应用、并列对照,注意零件与部件、汽车零件与装配图的有机结合,侧重采用汽车零件图、装配图等图样。在教材编写过程中,将技术制图与机械制图等所涉及国家标准按照课程内容编排于正文或附录中,培养学生贯彻、查询、采用国家标准的意识和能力。与本教材配套使用的还有《机械识图习题集及习题集解(第3版)》。

本书由广西交通技师学院张庆梅、廖建勇担任主编,由赖玉洪、覃卫国担任副主编。参与本书编写工作的还有广西交通技师学院黎庆荣、唐亚萍、张鹏飞,广西交通职业技术学院王钦。其中,单元一由廖建勇、王钦老师完成,单元二由唐亚萍老师完成,单元三由张鹏飞老师完成,单元四由覃卫国、张庆梅老师完成,单元五由黎庆荣老师完成,单元六由赖玉洪老师完成。本书由从事汽车类专业教学,有着30多年一线机械识图、汽车维修课程教学经验的韦坚老师负责审核、校对。

在本套教材的编写过程中,得到了北京现代、保时捷等企业的大力支持,在此表示感谢。

限于编者经历和水平,教材内容难以覆盖全国各地技工院校的实际情况,希望各学校在选用和推广本系列教材的同时,注重总结教学经验,及时提出修改意见和建议,以便再版修订时改正。

编　者

2023 年 4 月

目　　录

单元一　图样的基本知识

知识目标

1. 理解并掌握工程图样的表达方法、手段,掌握工程图样的标准。
2. 熟悉各种形式图线的主要用途及应用。
3. 熟悉掌握各种图线的线形及应用、图线的画法。
4. 掌握常用绘图工具与仪器的使用方法。

技能目标

1. 掌握绘制简单的机械零件图与装配图的方法。
2. 能理论联系实际,善于观察问题、发现问题,并能运用所学知识解决有关工程实际问题。
3. 掌握绘图工具的使用方法。

素养目标

1. 养成严谨、实事求是的高品质及独立思考的学习习惯。
2. 培养学生对本专业的学习兴趣。
3. 提高学生的职业道德水平。
4. 培养严谨、敬业的工作作风。

知识要素

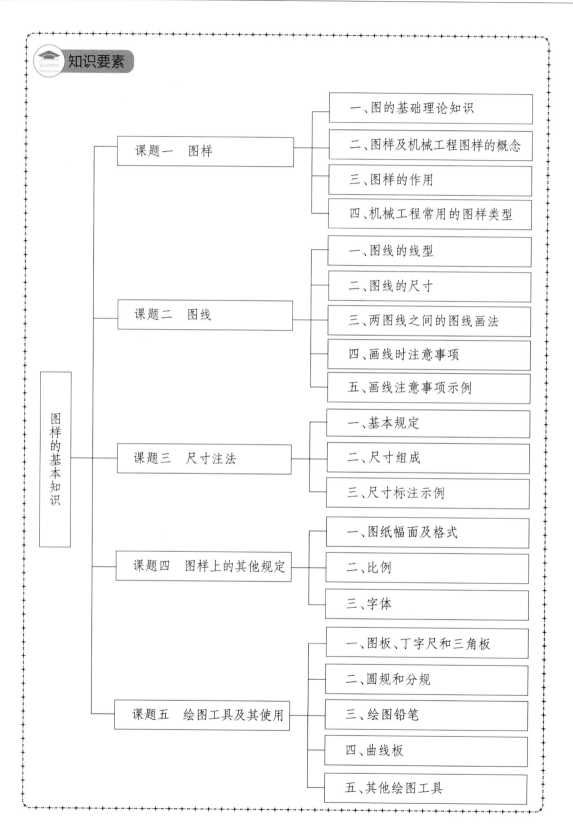

图样的基本知识

课题一　图样
一、图的基础理论知识
二、图样及机械工程图样的概念
三、图样的作用
四、机械工程常用的图样类型

课题二　图线
一、图线的线型
二、图线的尺寸
三、两图线之间的图线画法
四、画线时注意事项
五、画线注意事项示例

课题三　尺寸注法
一、基本规定
二、尺寸组成
三、尺寸标注示例

课题四　图样上的其他规定
一、图纸幅面及格式
二、比例
三、字体

课题五　绘图工具及其使用
一、图板、丁字尺和三角板
二、圆规和分规
三、绘图铅笔
四、曲线板
五、其他绘图工具

建议课时

15 学时

引导案例

小明去一家公司应聘工作,人事经理告诉他,公司缺一名机械绘图员,只要能熟练绘制各种零件图,且在校期间表现良好,即可获得该岗位,该岗位不仅工作轻松,且待遇高。可是小明在学校学习期间,该门功课学得并不好,还因为违纪受到过相应的处分,因此,失去了这个机会。

引例分析

通过分析以上案例可知,现在的用工企业不仅注重员工的技术水平,而且更注重员工的品德修养,小明若在在校学习生活期间能认真学习《机械识图》理论知识,努力提高专业技能水平,表现良好,没有受过相关处分,那么,他也许能顺利应聘上机械绘图员这个高薪岗位。

课题一　图　　样

一、图的基础理论知识

在这五彩缤纷的世界里,我们通常能看到形状各异的物体,通过观察,不仅可以识别出物体的颜色,还能识别出物体的形状和特征。对于图 1-1 所示的常见物体,不用文字描述即可识别出其形状、作用和特征。

通过观察以下计算机标志图,我们可以很直观地分辨出是属于哪个品牌和产地,还能了解其相关知识。图 1-2 所示为计算机标志图。

二、图样及机械工程图样的概念

图样是根据投影原理、标准或相关规定来表示工程对象,并且有必要的技术说明的图,通常把这样的图称为图纸。图样表示的工程对象主要有机械工程、土木工程、电气工程、市政工程等。

图 1-1　常见物体

图 1-2　计算机标志图

　　机械工程图样是由点、线、数字、文字和符号等组成的,表达设计意图和制造要求的技术文件,也是交流经验的技术文件,通常被称为工程界的技术语言。汽车是由成千上万的机械零部件通过不同的方式组合而成的机械,本课程中讨论的是有关机械工程中的机件图样知识。图 1-3 所示为零件图。

　　机械工程图各部分的作用是:点、线构成图,表达物体的形状;文字表示其他内容;数字表示位置及大小。

三、图样的作用

　　(1)机械、化工的制造或建筑工程的施工都是根据图样进行的。

　　(2)设计者通过图样表达设计意图;制造者通过图样了解设计要求、组织制造和指导生产;使用者通过图样了解机器设备的结构和性能,进行操作、维护。

(3)图样是交流传递技术信息的媒介和工具,是工程界通用的技术语言。

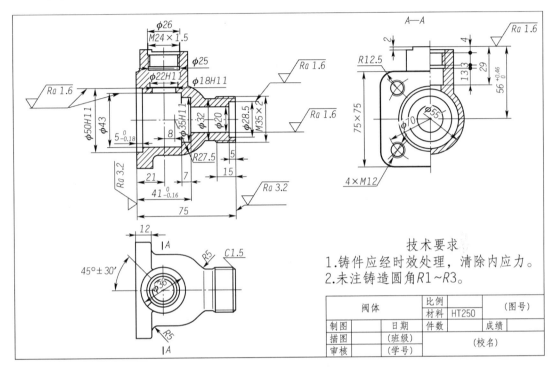

图 1-3　零件图

四、机械工程常用的图样类型

1.按图的画法分

(1)视图是机械制图的术语。根据相关标准和规定,将物体按正投影法向投影面投射时所得到的投影称为"视图"。视图有三个常见种类:主视图、俯视图、左视图,简称三视图。图 1-4 所示为 L 形块的三视图。

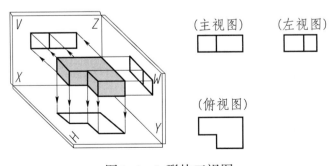

图 1-4　L 形块三视图

（2）轴测投影图（轴测图）。轴测投影图是指用平行投影法将空间形体连同确定该形体的空间直角坐标系一起投影到一个投影面上，这样得到的图称为轴测投影图。

图1-5中，字母 P 平面上的图即为物体的轴测图。这种图的优点是直观性较好，缺点是度量性较差，作图较繁。它一般与正投影图配合使用，以弥补正投影图直观性较差的不足。图1-6所示为轴测图图例。

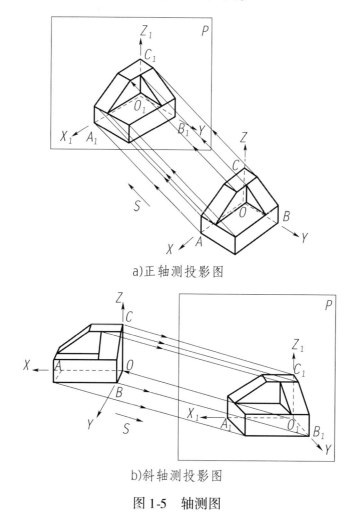

a)正轴测投影图

b)斜轴测投影图

图1-5　轴测图

2. 按图的种类分

（1）零件图。零件图是表达单个零件的形状、大小和特征的图样，也是在制造和检验机器零件时所用的图样，又称为零件工作图。在生产过程中，根据零件图和图样的技术要求进行生产准备、加工制造及检验。因此，它是指导零件生产的重要技术文件。以下是零件图图样采用的两种画法。

画法1：在同一张图样中，只用单一的视图（正投影图）来表达机件的结构和形状（图1-6）。

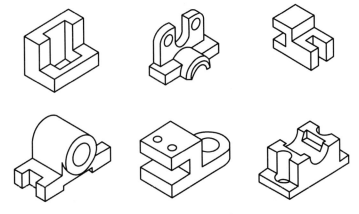

图1-6　轴测图图例

画法2：以视图（正投影图）为主、轴测图为辅的图样，如图1-7所示。为了便于看图人员迅速想象出机件的结构、形状，达到快捷、正确识图的目标，通常在图样上画出单个投影面或多个投影面的正投影图，同时又画出零件所对应的轴测图。

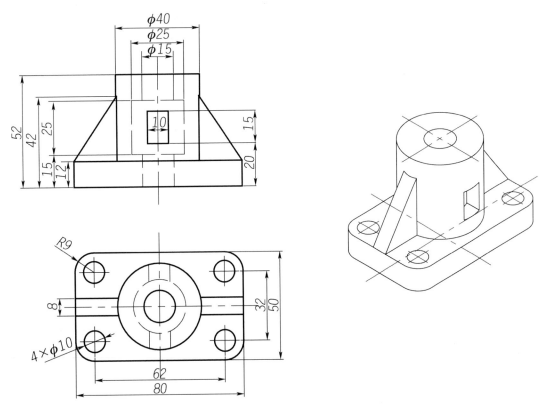

图1-7　以视图为主、轴测图为辅的图样

（2）装配图。装配图是表达机器或部件的工作原理、零件间的连接、运动方式及其装配关系的图样，它是生产和对现有机器和部件检修工作中的主要技术文件之一，是生产一部新机器或者部件的重要技术依据。图 1-8 所示为轴承座装配图。

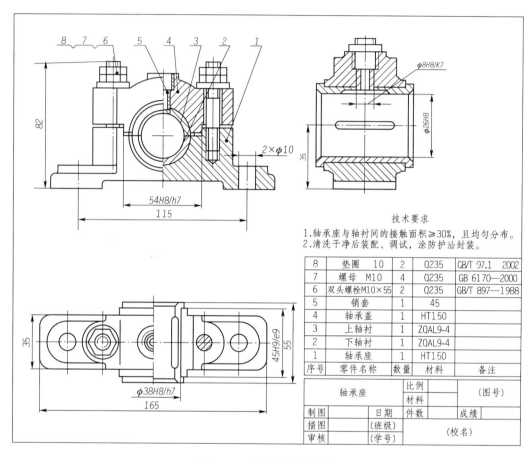

技术要求

1.轴承座与轴衬间的接触面积≥30%，且均匀分布。
2.清洗干净后装配、调试，涂防护油封装。

8	垫圈 10	2	Q235	GB/T 97.1 2002
7	螺母 M10	4	Q235	GB 6170—2000
6	双头螺栓M10×55	2	Q235	GB/T 897—1988
5	销套	1	45	
4	轴承盖	1	HT150	
3	上轴衬	1	ZQAL9-4	
2	下轴衬	1	ZQAL9-4	
1	轴承座	1	HT150	
序号	零件名称	数量	材料	备注

轴承座		比例		（图号）
		材料		
制图		日期	件数	成绩
描图		（班级）		（校名）
审核		（学号）		

图 1-8　轴承座装配图

图中所采用的各种形式的线称为图线。图线是组成图形的基本要素，由点、短间隔、画、长画间隔等线素组成。图线可以是直线、曲线、连续线或不连续的线，如图 1-9 所示。

图线的长度小于或等于图线宽度的一半，称为点。

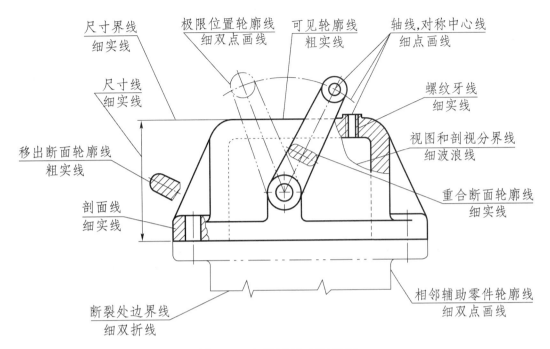

图 1-9 各种图线应用举例

一、图线的线型

《机械制图 图样画法 图线》(GB/T 4457.4—2022)规定了在机械图样中常用图线的名称、形式、结构、标记及画法。几种常用基本线型的画法及用途见表 1-1。

常用基本线型的画法及用途　　　　　　　　表 1-1

图线名称	线型	图线宽度	用途
粗实线	———————————	d	可见轮廓线、可见过渡线
虚线	- - - - - - - - - - -	$0.5d$	不可见轮廓线、不可见过渡线
细实线	———————————	$0.5d$	尺寸线及尺寸界线、剖面线、引出线、重合断面的轮廓线、螺纹的牙底线及齿轮的齿根线、分界线及范围
波浪线	⌇⌇⌇⌇⌇	$0.5d$	断裂处的边界线、视图和剖视的分界线

续上表

图线名称	线型	图线宽度	用途
细点画线	—— · —— · —— · ——	$0.5d$	轴线、对称中心线、轨迹线、节圆及节线
双折线	—— ⌁ —— ⌁ —— ⌁ ——	$0.5d$	断裂处的边界线、视图和剖视的分界线
双点画线	—— ·· —— ·· —— ·· ——	$0.5d$	相邻辅助零件的轮廓线、极限位置的轮廓线
粗点画线	━━ · ━━ · ━━ · ━━	d	有特殊要求的线或表面的表示线

二、图线的尺寸

机械工程图样上采用两类线宽,称为粗线和细线,其宽度比例关系为 2:1。例如:粗实线的宽度为 1mm 时,则与之对应的细线宽度为 0.5mm。所有线型的图线宽度 d 应按图样的类型和尺寸大小在下列数系中选择:0.13mm、0.18mm、0.25mm、0.35mm、0.5mm、0.7mm、1.0mm、1.4mm、2mm。

在同一图样中,同类图线的宽度应一致。图线的宽度允许偏差不大于 $\pm 0.1d$。

三、两图线之间的图线画法

1. 两平行图线之间的间隙要求

除另有规定,两条平行线之间的最小间隙应不小于 0.7mm。

2. 图线的交叉画法

点画线、双点画线的首末两端应是线段,而不是短画。点画线、双点画线的点不是点,而是一个约 1mm 的短画。点画线、双点画线相交时,其相交点应是线段相交,如图 1-10a)所示。

在较小图形上绘制细点画线或双点画线有困难时,可用细实线代替,如图 1-10b)所示。

虚线与实线相交,点画线与虚线相交、虚线与虚线相交时,相交位置处都应画成线段相交状态,如图 1-10c)所示。

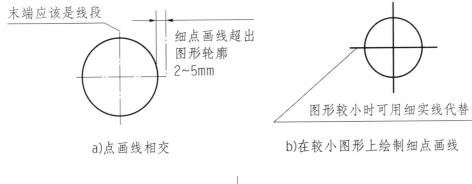

a)点画线相交　　　　　　　　b)在较小图形上绘制细点画线

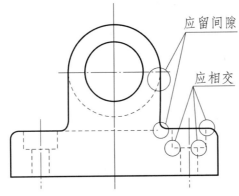

c)虚线与实线相交、点画线与虚线相交、虚线与虚线相交

图 1-10　图线交叉画法

四、画线时注意事项

(1)点画线和双点画线的首末两端应为"画"而不应为"点"。

(2)绘制圆的对称中心线时,圆心应为"画"的交点。首末两端超出图形外 2～5mm。

(3)在较小的图形上绘制细点画线和细双点画线有困难时,可用细实线代替。

(4)虚线、点画线或双点画线和实线相交或它们自身相交时,应以"画"相交,而不应为"点"或"间隔"。

(5)虚线、点画线或双点画线为实线的延长线时,不得与实线相连。

(6)图线不得与文字、数字或符号重叠、混淆。不可避免时,应首先保证文字、数字或符号清晰。

(7)除非另有规定,两条平行线之间的最小间隙不得小于0.7mm。

五、画线注意事项示例

画线注意事项如图 1-11 所示。

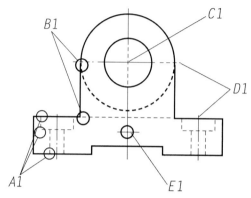

图 1-11　画线注意事项图例

A1-虚线画相交;*B1*-虚线段应断开;*C1*-圆心应为画的交点;*D1*-点画线的两端是画,应超出图形外 2～5mm;*E1*-可用细实线代替点画线

课题三　尺寸注法

　　图样中的视图只能表示物体的形状,物体各部分的真实大小及准确相对位置则要靠标注尺寸来确定。尺寸也可以配合图形来说明物体的形状。图样上标注尺寸的基本要求如下:

　　(1)正确——尺寸注法要符合国家标准的规定。

　　(2)完全——尺寸必须注写齐全,不遗漏,不重复。

　　(3)清晰——尺寸的布局要整齐清晰,便于阅读、查找。

　　(4)合理——所注尺寸既能保证设计要求,又使加工、装配、测量方便。

一、基本规定

　　(1)机件的真实大小应以图上所注尺寸数值为依据,与图形的大小及绘图的准确度无关。

　　(2)图样中所标注的尺寸,为该图样所示机件的最后完工尺寸,否则,应另加说明。

　　(3)机件的每一尺寸,一般只标注一次,并应标注在反映该结构最清晰的图形上。

(4)图样中的尺寸,以 mm 为单位时,无须标注计量单位的代号或名称,如采用其他单位,则必须注明相应的计量单位的代号或名称。

尺寸标注图例如图 1-12 所示。

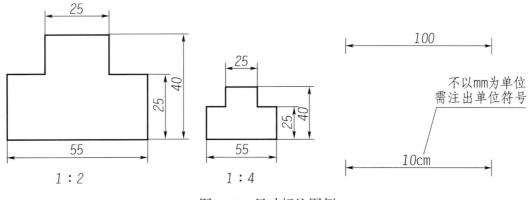

图 1-12　尺寸标注图例

二、尺寸组成

1.三要素

在图形上标注一个完整的尺寸时,一般要完成三个内容:尺寸界线、尺寸线和尺寸数字。这三个内容通常称为尺寸的三要素,如图 1-13 所示。其中尺寸界线、尺寸线用细实线。

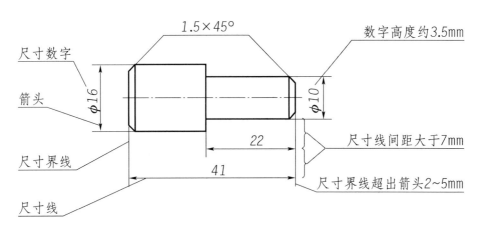

图 1-13　尺寸的组成

2.尺寸线终端

尺寸线终端的放大图如图 1-14 所示。

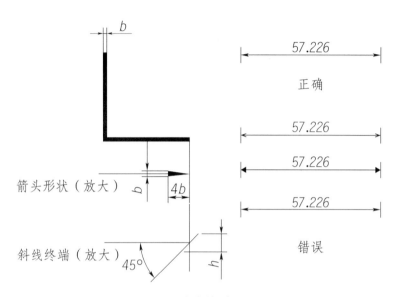

图 1-14 尺寸线终端的放大图

3.尺寸界线

尺寸界线如图 1-15 所示。

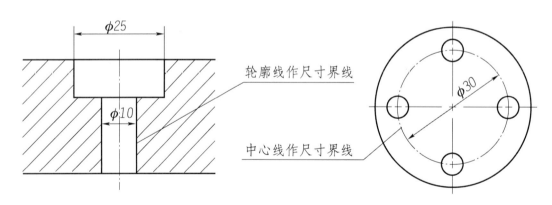

图 1-15 尺寸界线

尺寸界线用细实线绘制,并应由图形的轮廓线、轴线或对称中心线处引出,也可利用轮廓线、轴线或对称中心线作尺寸界线。

4.尺寸线

图 1-16 所示为尺寸线。

(1)尺寸线不能用其他图线代替,一般也不得与其他图线重合或画在其延长线上。

(2)标注线性尺寸时,尺寸线必须与所标注的线段平行。

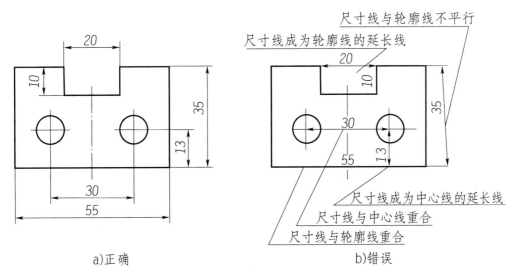

a)正确　　　　　　　　　　　　b)错误

图1-16　尺寸线

5.尺寸和数字

同一张图上,数字及箭头的大小应保持一致,数字要采用标准字体,且书写工整,不得潦草,如图1-17所示。

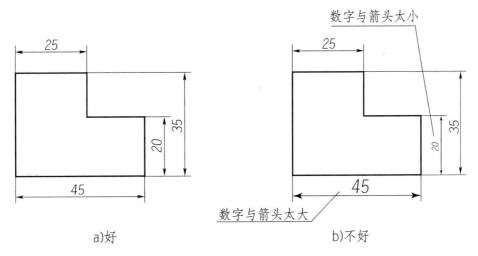

a)好　　　　　　　　　　　　b)不好

图1-17　数字与箭头

三、尺寸标注示例

1.线性尺寸

线性尺寸的数字应按图1-18a)所示的方向注写,并尽可能避免在图示30°范围内标注尺寸。当无法避免时,可按图1-18b)标注。

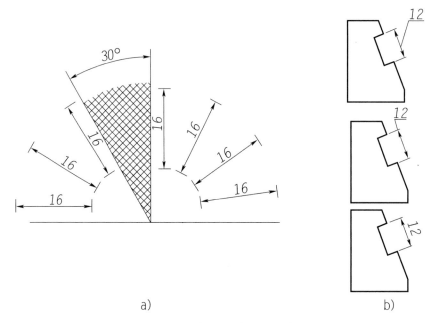

a)　　　　　b)

图 1-18　线性尺寸标注示例

2. 角度尺寸

(1) 角度尺寸界线沿径向引出。

(2) 角度尺寸线画成圆弧,圆心是该角顶点。

(3) 角度尺寸数字一律写成水平方向。

图 1-19 所示为角度尺寸标注示例。

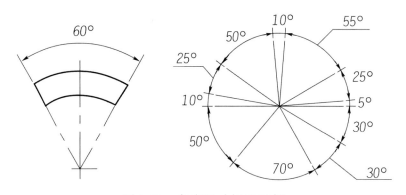

图 1-19　角度尺寸标注示例

3. 圆的直径

(1) 直径尺寸应在尺寸数字前加注符号"ϕ"。

(2) 尺寸线应通过圆心,其终端画成箭头。

(3) 整圆或大于半圆应注直径。

图 1-20 所示为圆的直径标注示例。

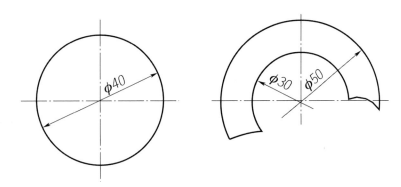

图 1-20　圆的直径标注示例

4. 圆弧半径

(1)半径尺寸数字前加注符号"*R*"。

(2)半径尺寸必须注在投影为圆弧的图形上,且尺寸线或其延长线应通过圆心。

(3)小于或等于半圆的圆弧应注半径尺寸。

图 1-21 所示为圆弧半径标注示例。

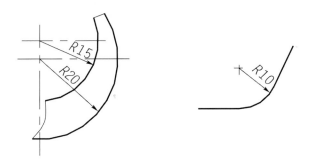

图 1-21　圆弧半径标注示例

5. 斜度和锥度

(1)斜度和锥度的标注,其符号应与斜度和锥度的方向一致。

(2)符号的线宽为 $h/10$。

图 1-22 所示为斜度和锥度标注示例。

6. 大圆弧

在图纸范围内无法标出圆心位置时,可以按图 1-23 所示进行标注。

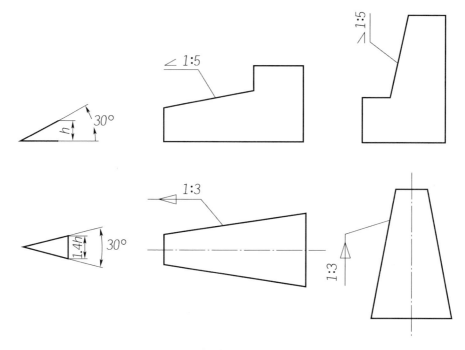

图 1-22　斜度和锥度标注示例

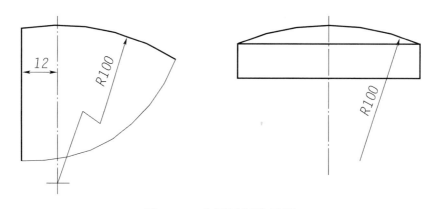

图 1-23　大圆弧标注示例

7. 球面

标注球面直径或半径时,应在"ϕ"或"R"前面加注符号"S"。对标准件,轴或手柄的前端,在不引起误解的情况下,可以省略符号"S"。球面标注如图 1-24 所示。

8. 板状类零件

标注板状类零件的厚度时,可在尺寸数字前加注符号"t",如图 1-25 所示。

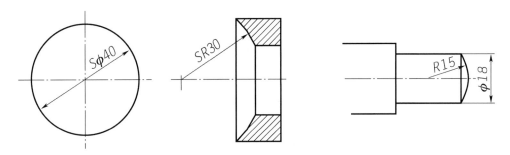

图 1-24　球面标注示例

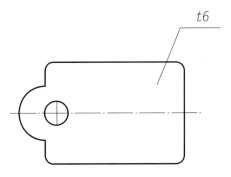

图 1-25　板状类零件标注示例

9. 狭小部位

在没有足够位置画箭头或注写数字时，可按图 1-26 所示的形式注写。

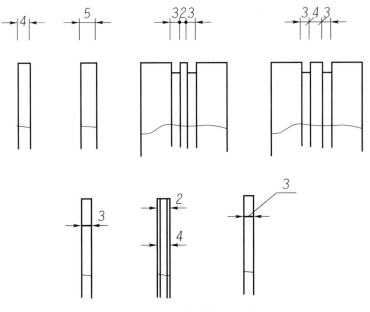

图 1-26　狭小部位标注示例

10. 小半径

在没有足够位置画箭头或注写数字时,可按图 1-27 所示的形式注写。

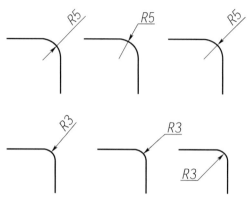

图 1-27　小半径标注示例

11. 小直径

在没有足够位置画箭头或注写数字时,可按图 1-28 所示的形式注写。

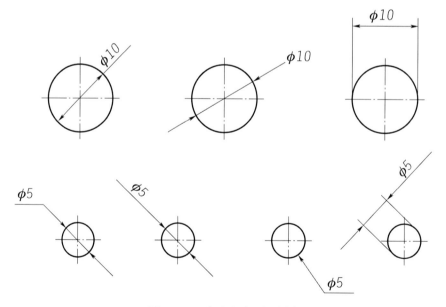

图 1-28　小直径标注示例

12. 弦长及弧长

(1)标注弧长时,应在尺寸数字上方加注符号"⌢"。

(2)弦长及弧长的尺寸界线应平行于该弦的垂直平分线,当弧较大时,尺寸界线可沿径向引出。

图 1-29 所示为弦长及弧长标注示例。

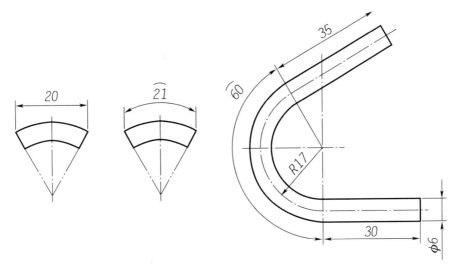

图 1-29　弦长及弧长标注示例

13. 正方形结构

表示剖面为正方形结构尺寸(边长 12mm)时,可在正方形尺寸数字前加注"□"符号,或用 12×12 表示,如图 1-30 所示。

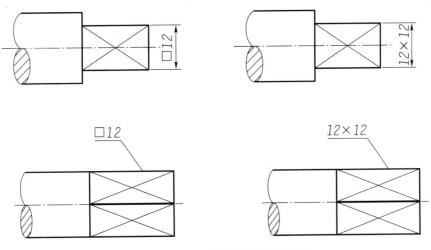

图 1-30　正方形结构标注示例

14. 对称机件

当对称机件的图形只画一半或略大于一半时,尺寸线应略超过对称中心或断裂处的边界线,并在尺寸线一端画出箭头,如图 1-31 所示。

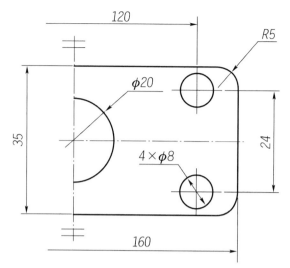

图 1-31　对称机件标注示例

<table>
<tr><td>课 题 四</td><td>图样上的其他规定</td></tr>
</table>

课 题 四　图样上的其他规定

一、图纸幅面及格式

1. 图纸幅面

图纸一般为长方形,图纸纸张的大小称为图幅,组成的平面称为幅面。国家制图标准规定的图纸幅面有 A0、A1、A2、A3、A4 五种代号规格,其中数字越大,图幅越小,5 种图幅的各自尺寸见表1-2。绘制图样时,应优先选用表1-2 所规定的5 种基本幅面。它们的尺寸分别是 841 × 1189、594 × 841、420 × 594、297 × 420、210 × 297。必要时可以加长、加宽。图纸幅面的尺寸关系如图1-32 所示。

图纸幅面尺寸 (第一选择)　　　　表 1-2

幅面代号	图纸幅面 $B \times L$	周边尺寸		
		e	c	a
A0	841 × 1189	20	10	25
A1	594 × 841	20	10	25
A2	420 × 594	20	10	25
A3	297 × 420	10	5	25
A4	210 × 297	10	5	25

注:a、c、e 为留边宽度,参见图1-32、图1-33。

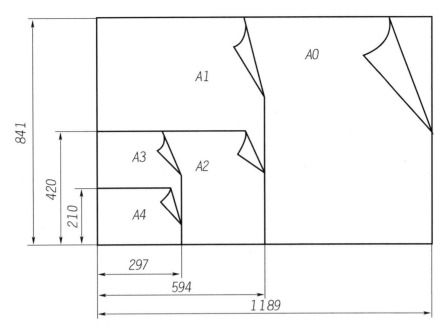

图1-32 图纸幅面的尺寸关系

2. 图框格式

图纸上必须用粗实线画出图框以限定绘图区域,这个线框称为图框。

不留装订边的图框格式,如图1-33所示;留装订边的图框格式,如图1-34所示。同一产品图样只能采用一种格式,优先采用不留装订边的格式。

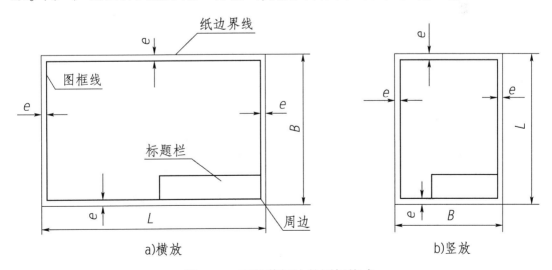

a)横放   b)竖放

图1-33 不留装订边的图框格式

3. 标题栏及方位

国家标准规定,每张图样上都应有标题栏,配置在图纸的右下角,用来填写图样上的综合信息,其格式及尺寸如图 1-35 所示。标题栏中文字方向必须与看图方向一致,即标题栏中的文字方向为读图方向。

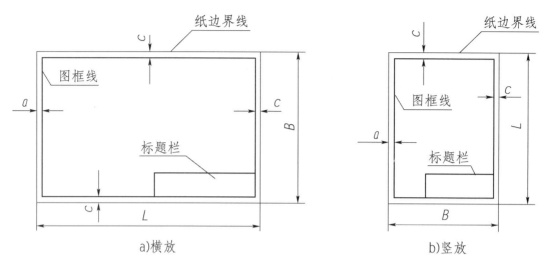

a)横放   b)竖放

图 1-34 留装订边的图框格式

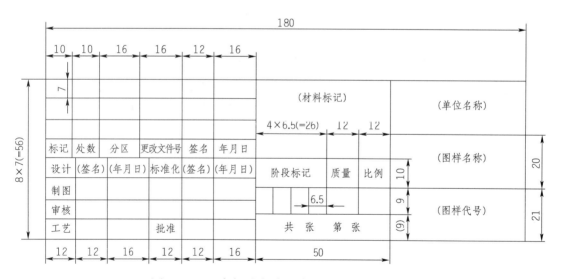

图 1-35 国家标准规定的标题栏格式及尺寸

在学校的制图作业中,为了方便作图,标题栏也可采用图 1-36 所示的简化形式。

4.附加符号

(1)对中符号。

对中符号是为了复制或缩微摄影时便于找到整张图纸的中心位置,提高复制或摄影的效果而采用的一种符号、工程术语。为在纸复制或缩微摄影时便于定位,图纸上均应画出对中符号,如图 1-37 所示。

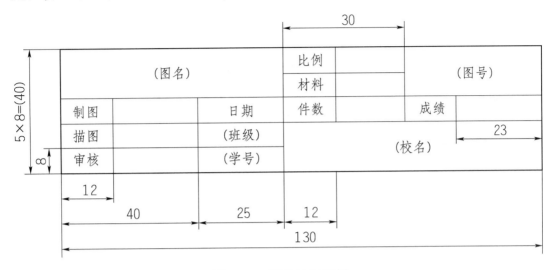

图 1-36　简化的标题栏

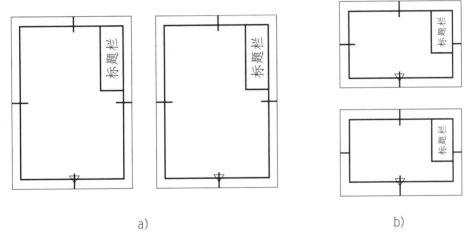

a)　　　　　　　　　　　　　　　　　　b)

图 1-37　对中符号

对中符号均应在图纸各边长的中点处,分别用线宽不小于 0.5mm 的粗实线绘制对中符号,从纸边界开始,伸入图框线内约 5mm。对中符号的位置误差应不大于 0.5mm。

需要注意的是,当对中符号处于标题栏范围内时,则对中符号伸入标题栏内的部分应省略不画。

(2)方向符号。

当使用预先印制的图纸时,应在图纸的下边对中符号处画出一个方向符号,表明绘图与看图的方向。方向符号是用细实线绘制的等边三角形,其大小和所

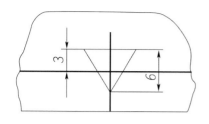

图1-38 方向符号

处的位置如图1-38所示。

二、比例

图样中机件要素的线性尺寸与实际机件相应要素的线性尺寸之比称为比例,即比例＝图形中线性尺寸/实物上相应线性尺寸。

《机械制图 比例》(GB/T 14690—1993)规定,比例一般分为原值比例、缩小比例及放大比例3种类型。绘制图样时,尽可能采用原值比例,以便从图中看出实物的大小。根据需要也可采用放大或缩小的比例,但不论采用何种比例,图中所注尺寸数字仍为机件的实际尺寸,与图形的比例及准确度无关,如图1-39所示。

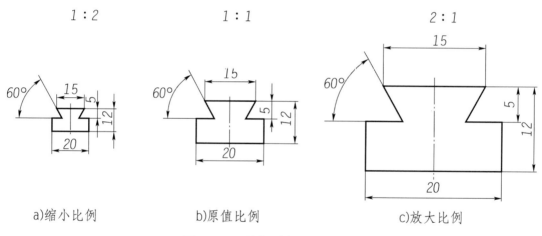

a)缩小比例   b)原值比例   c)放大比例

图1-39 不同比例画出的图形

绘制同一机件的各个视图应采用相同的比例,并在标题栏中统一填写比例,当某个视图采用了不同的比例时,必须在该图形的上方加以标注。常用的比例见表1-3,应优先采用第一系列。

比例系列   表1-3

种类	第一系列	第二系列
原值比例	$1:1$	—
放大比例	$2:1$ $5:1$	—
	$1\times10^n:1$ $2\times10^n:1$	$2.5:1$ $4:1$
	$5\times10^n:1$	$2.5\times10^n:1$ $4\times10^n:1$

续上表

种类	第一系列	第二系列
缩小比例	1:2　1:5	1:1.5　1:1.25　1:3
	1:10　$1:2 \times 10^n$	$1:1.5 \times 10^n$　$1 \times 2.5 \times 10^n$
	$1:5 \times 10^n$	$1:3 \times 10^n$　$1:4 \times 10^n$
	$1:1 \times 10^n$	$1:6 \times 10^n$

注:n 为正整数。

三、字体

图样中除图形外,还需用汉字、数字和字母等进行标注或说明,它是图样的重要组成部分。《技术制图　字体》(GB/T 14691—1993)规定的字体包括汉字、数字及字母。

(1)图样中书写的字体必须做到字体端正、笔画清楚、排列整齐、间隔均匀。

(2)字体的号数即字体的高度(单位为 mm),分别为 20、14、10、7、5、3.5、2.5、1.8 共 8 种,字体的宽度约等于字体高度的 2/3。数字及字母的笔画宽度约为字高的 1/10。

(3)汉字。汉字应写成长仿宋字体,并应采用国家正式公布的简化字。汉字要求写得整齐匀称。书写长仿宋体的要领为横平竖直、注意起落、结构匀称、填满方格。图 1-40 所示为长仿宋体字示例。

10号字

字体工整　笔画清楚
间隔均匀　排列整齐

7号字

横平竖直　注意起落　结构均匀　填满方格

5号字

国家标准机械制图技术要求公差配合表面粗糙度倒角其余

图 1-40　长仿宋字体示例

(4)数字及字母。数字及字母有直体和斜体之分。在图样中通常采用斜体。斜体字的字头向右倾斜,与水平线成 75°。数字和字母的笔画粗度约为字高的 1/10。《技术制图　字体》(GB/T 14691—1993)规定的数字和字母的书写形式如图 1-41 所示。

ABCDEFGHIJKLMNOPQRSTUVWXYZ
ABCDEFGHIJKLMNOPQRSTUVWXYZ
abcdefghijklmnopqrstuvwxyz
abcdefghijklmnopqrstuvwxyz

Ⅰ Ⅱ Ⅲ Ⅳ Ⅴ Ⅵ Ⅶ Ⅷ Ⅸ Ⅹ

Ⅰ Ⅱ Ⅲ Ⅳ Ⅴ Ⅵ Ⅶ Ⅷ Ⅸ Ⅹ

1 2 3 4 5 6 7 8 9 0

1 2 3 4 5 6 7 8 9 0

图 1-41　字母、罗马数字、阿拉伯数字示例

课题五　绘图工具及其使用

　　掌握常用绘图工具和仪器的使用方法是一名工程技术人员必备的基本素质,正确使用绘图工具对提高制图速度和图面质量起着重要的作用。常用的制图工具主要有图板、丁字尺、三角板、圆规和分规、绘图铅笔、比例尺、曲线板、擦图片、绘图橡皮、胶带纸、削笔刀等。

一、图板、丁字尺和三角板

　　图板是用于铺放、固定图纸用的一张光滑矩形木板。

　　丁字尺由尺头和尺身两部分组成。尺身的上边为工作边,与图板配合使用,主要用来画水平线或垂直线。使用时,将尺头的内侧边紧贴图板的导向边,上下移动丁字尺,自左向右画出不同位置的水平线,如图 1-42 所示。

　　一副三角板由 45°等腰直角三角形和 30°、60°直角三角形各一块组成。利用三角板的不同角度与丁字尺配合,可画垂直线及 15°倍角的倾斜线,如图 1-43a)所示;或用两块三角板配合可画任意角度的平行线,如图 1-43b)所示。

二、圆规和分规

　　圆规和分规是绘图的常用工具。

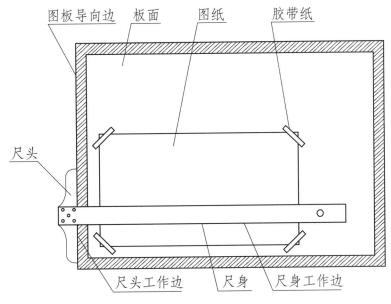

图1-42　图板和丁字尺

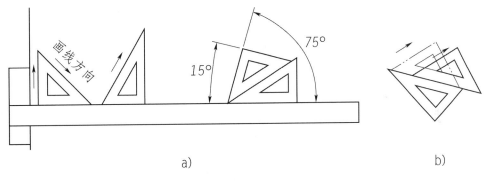

图1-43　丁字尺和三角板的使用

1. 圆规

圆规是画圆和圆弧的工具,主要有图1-44所示的几种。

安装铅芯时,调整铅芯的长度,使针尖略长于铅芯,以便在画圆或圆弧时,将针尖插入图纸,以针尖为圆心。铅芯端头削成夹角为20°左右的锐角,斜面安装在圆规的外侧,如图1-45所示。由于绘图时圆规铅芯一端不宜受较大的力,因而圆规铅芯材料的选择应比相应绘图铅笔铅芯软一号。

使用圆规时,应尽可能使针尖和铅芯插腿垂直于纸面,量取半径,以右手握住圆规头部,将针尖对准圆心插入图纸,左手按住图纸,匀速顺时针旋转圆规,画出所需圆或圆弧。画大圆时,可用延伸杆来扩大其直径,如图1-46所示。

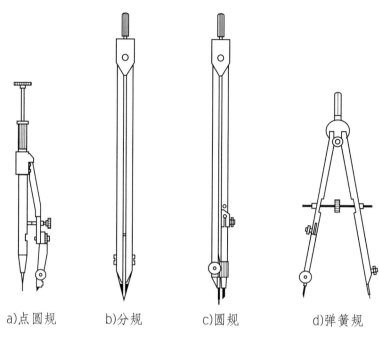

a)点圆规　　　　b)分规　　　　c)圆规　　　　d)弹簧规

图 1-44　　圆规的类型

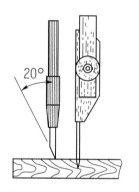

20°

图 1-45　　铅芯的安装

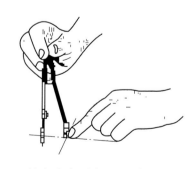

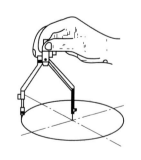

a)针尖和铅芯插腿垂直于纸面　　　b)量取半径　　　c)匀速顺时针旋转圆规

图 1-46　　圆规的使用方法

2.分规

分规是用来量取尺寸和等分线段的工具。为了准确地度量尺寸,分规两腿端部的针尖应平齐,如图1-47所示。用分规在尺子上或图上量取尺寸或线段的方法及等分线段的方法如图1-48a)所示。等分线段时,将分规两针尖调整到所需的距离,然后用右手拇指和食指捏住分规手柄,使分规两针尖沿线段交替旋转前行等分线段,如图1-48b)所示。

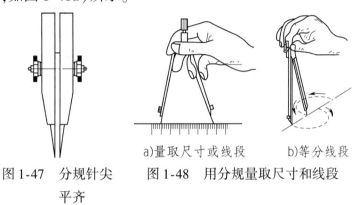

a)量取尺寸或线段　　b)等分线段

图1-47　分规针尖　　图1-48　用分规量取尺寸和线段
　　　　　平齐

三、绘图铅笔

在绘制机械图样时要选择专用的绘图铅笔。一般需要准备以下几种型号的绘图铅笔。

（1）2B:用来画粗实线。

（2）HB:用来画细实线、点画线、双点画线、虚线和写字。

（3）H或2H:用来画底稿。

H前的数字越大,铅芯越硬,画出来的图线就越淡;B前的数字越大,铅芯越软,画出来的图线就越黑。用于画粗实线的铅笔和铅芯应磨成矩形断面,其余的磨成圆锥形,如图1-49所示。

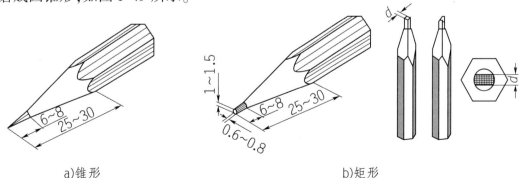

a)锥形　　　　　　　　　　　　b)矩形

图1-49　铅笔的削法

四、曲线板

曲线板是一种具有不同曲率半径的模板,用来绘制各种非圆曲线。使用曲线板时,应先画出曲线上若干点,徒手用铅笔把各点轻轻地连接起来,再选择曲线板上曲率合适的部分逐段描绘,如图1-50所示。每一段中,至少有3个点与曲线板吻合,每描一段线要比曲线板吻合的部分稍短,留一部分待在下一段中与曲线板再次吻合后描绘(即"找四连三,首尾相叠"),这样才能使所画的曲线连接光滑。

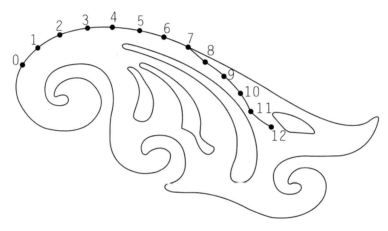

图1-50 曲线板

五、其他绘图工具

1. 比例尺

比例尺有三棱式和板式两种,如图1-51a)、b)所示。比例尺的尺面上有各种不同比例的刻度。在用不同比例绘制图样时,只要在比例尺上的相应比例刻度上直接量取即可,省去了麻烦的计算过程,同时还能加快绘图的速度,如图1-51b)所示。

2. 绘图模版

绘图模板是一种快速绘图工具,上面有多种镂空的常用图形、符号或字体等,能够方便地绘制针对不同专业的图案,如图1-52所示。使用时笔尖应紧靠模板,才能使画出的图形整齐、光滑。

3. 量角器

量角器用来测量角度,如图1-53所示。

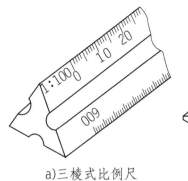

a)三棱式比例尺

b)板式比例尺

c)在比例尺上直接量取

图 1-51 比例尺

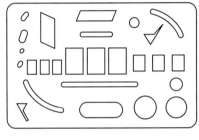

图 1-52 绘图模板

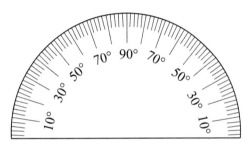

图 1-53 量角器

4.擦图片

擦图片是用来防止擦去错误线条或多余线条时把有用的线条也擦去的一种防护工具,如图 1-54 所示。

另外,在绘图时,还需要准备削笔刀、绘图橡皮、固定图纸用的塑料透明胶带纸、磨铅笔用的砂纸以及清除图画上橡皮屑的小刷等。

计算机绘图是近年发展起来的一种新型绘图方法。随着计算机技术的应用,计算机绘图技术也逐渐得到推广和普及。

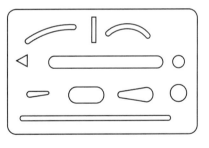

图 1-54 擦图片

单元二 投影作图

 知识目标

1.理解并掌握投影的基本概念和三面投影体系。

2.熟悉三视图的形成及其对应关系。

3.熟悉并掌握三视图的识读与绘制方法。

4.掌握点、线、面的投影规律。

5.掌握基本体的投影及尺寸标注方法。

6.掌握组合体的投影及尺寸标注方法。

技能目标

1.掌握三视图的绘制方法。

2.掌握绘制点、直线和平面的投影图形。

3.掌握基本几何体、组合体的三视图绘制和尺寸标注方法。

4.养成严谨、实事求是的高品质及独立思考的学习习惯。

素养目标

1.培养学生对投影作图的基本技能。

2.培养学生独立绘制三视图技能。

3.提升学生机械识图的绘制能力和职业素养。

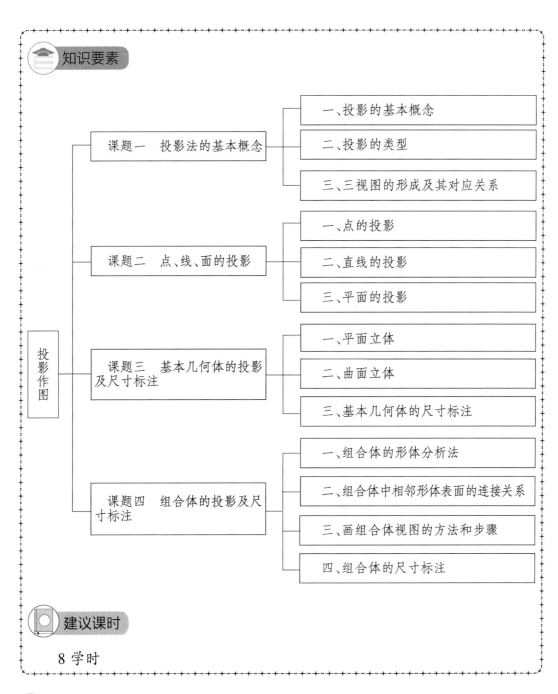

🎓 知识要素

投影作图

课题一　投影法的基本概念
- 一、投影的基本概念
- 二、投影的类型
- 三、三视图的形成及其对应关系

课题二　点、线、面的投影
- 一、点的投影
- 二、直线的投影
- 三、平面的投影

课题三　基本几何体的投影及尺寸标注
- 一、平面立体
- 二、曲面立体
- 三、基本几何体的尺寸标注

课题四　组合体的投影及尺寸标注
- 一、组合体的形体分析法
- 二、组合体中相邻形体表面的连接关系
- 三、画组合体视图的方法和步骤
- 四、组合体的尺寸标注

📖 建议课时

8学时

📚 引导案例

　　小王发现当日光或灯光照射物体时,在地面或墙上就会出现物体的影子,于是他就对这种现象产生了兴趣。为了弄清楚这一现象的来龙去脉,他开始查阅资料,原来这就是我们在日常生活中所见到的投影现象。工程中表达物体结构形状的机械图样也是采用投影法绘制而成的,那么不同的投影法有何区别呢?

引例分析

作为工程技术人员,应该了解投影法的概念和类型,熟悉各种投影法的特点及其应用领域,掌握正投影法及其投影的基本性质。

课 题 一　投影法的基本概念

一、投影的基本概念

在日常生活中,经常会看到空间一个物体在光线照射下在某一平面产生影子的现象,所得到的"影子"称为投影。产生投影的光源称为投影中心 S,接受投影的面称为投影面,连接投影中心和形体上的点的直线称为投影线。

投影法是指投射线通过物体向选定的面投射,并在该面上得到图形的方法。投影法的三要素是投射线、投射对象和投影面。

二、投影的类型

投影分为中心投影和平行投影两类。

1. 中心投影法

投射线交于一点的投影法称为中心投影法,如图 2-1 所示。

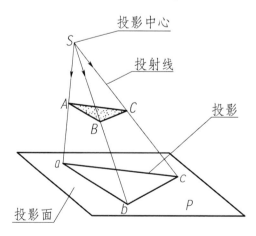

图 2-1　中心投影法

中心投影法的特性:投影不反映物体的实际大小,但立体感强,常用于绘制透视图。

2.平行投影法

将光源 S 移至无穷远处,投射线可以看成是平行的,这种投影法称为平行投影法。

平行投影法按投射线与投影面的位置不同分为斜投影法和正投影法两种,如图 2-2 所示。斜投影法用于绘制斜二轴测投影图;正投影法用于绘制三视图,能反映该平面图形的真实形状和大小,作图方便,度量性好,在工程上得到广泛应用。

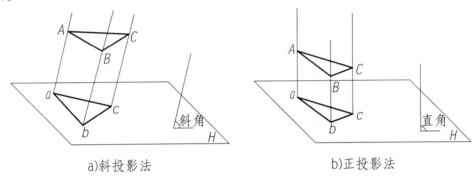

a)斜投影法　　　　　　　b)正投影法

图 2-2　平行投影法

正投影法具有如下基本性质(图 2-3)。

(1)真实性。当平面(或线段)与投影面平行时,其投影反映实形(或实长),称为真实性。

(2)积聚性。当平面(或线段)与投影面垂直时,其投影积聚为线(或点),称为积聚性。

(3)类似性。当平面(或线段)与投影面倾斜时,其投影变小(或变短),称为类似性,如图 2-3 所示。

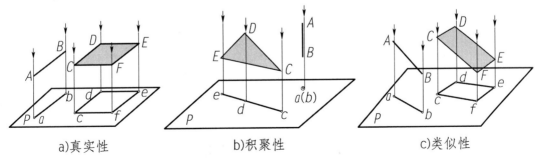

a)真实性　　　　　　b)积聚性　　　　　　c)类似性

图 2-3　正投影法的基本性质

三、三视图的形成及其对应关系

(一) 三视图的形成

1. 三投影面体系

三投影面体系是选取互相垂直的三个投影面所构成的体系,用来准确地反映物体的长、宽、高的形状及位置的投影面体系。物体的三面投影图总称为三视图。一般只用一个方向的投影来表达物体是不确定的,通常须将物体向几个方向投影,才能完整清晰地表达出物体的形状和结构。为了用投影图确定空间物体的形状,可以将物体放在三个互相垂直的投影面组成的三投影面体系中,如图 2-4 所示,其中 V 面称为正立投影面,H 面称为水平投影面,W 面称为侧立投影面。两面的交线 OX、OY、OZ 为投影轴,O 点为原点。

2. 三视图的形成

将物体放在三投影面体系中,按正投影法向各投影面投射,得到物体的三视图。

正面投影(主视图):由前向后投射在正立投影面(V 面)上所得到的视图;

水平投影(俯视图):由上向下投射在水平投影面(H 面)上所得到的视图;

侧面投影(左视图):由左向右投射在侧立投影面(W 面)上所得到的视图。

图 2-5 即为三视图。

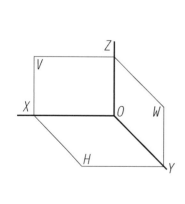

图 2-4　三投影面体系

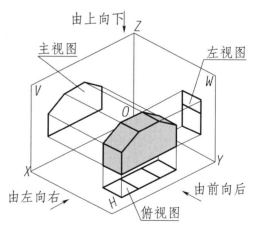

图 2-5　三视图

展开投影面的方法如下:V 面不动,H 面绕 X 轴向下旋转90°;W 面绕 Z 轴向后旋转90°,使三个投影面处于同一个平面内,如图 2-6 所示。

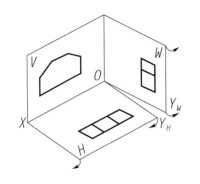
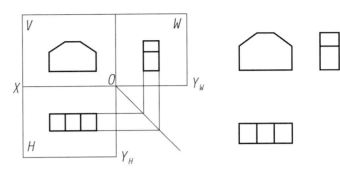

图 2-6 三视图的形成

(二)三视图之间的关系

1.投影关系

主视图反映物体的长和高;俯视图反映物体的长和宽;左视图反映物体的宽和高。

物体的三视图投影对应关系为:主俯视图长对正,主左视图高平齐,俯左视图宽相等,如图 2-7 所示。

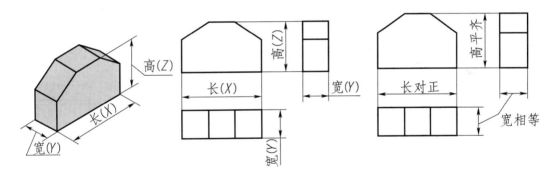

图 2-7 三视图投影关系

2.方位关系

根据图 2-8 可知,俯视图在主视图的下方,左视图在主视图的右方。

主视图反映物体的上、下、左、右关系;

俯视图反映物体的前、后、左、右关系;

左视图反映物体的上、下、前、后关系。

3.三视图的识读与绘制

识读和绘制三视图时,先要确定主视图的投影方向(选择反映物体形状特征明显的方向作为主视图的方向),放正物体,使其主要面与投影面平行;再分析构成物体各表面与投影面的位置关系及其投影特性,进行投射想象,画出三视图。作图时,先画主视图,再按"长对正,高平齐,宽相等"的对应关系逐个画出俯视图和左视图。

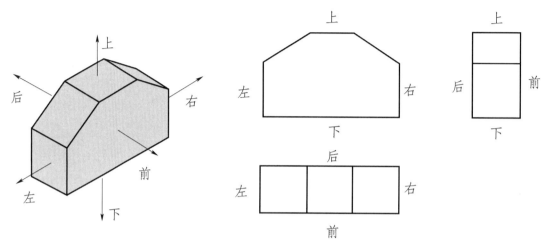

图 2-8　三视图方位关系

【实例 1】　如图 2-9a)所示,根据立体图补画三视图中所缺线段。

观察立体图,主视图不少图线;主俯视图长对正,从上往下看,俯视图应补画两根实线(凸台左右侧面的水平投影);主左视图高平齐,从左往右看,左视图应画一根虚线(槽上表面的侧面投影),补画结果如图 2-9b)所示。

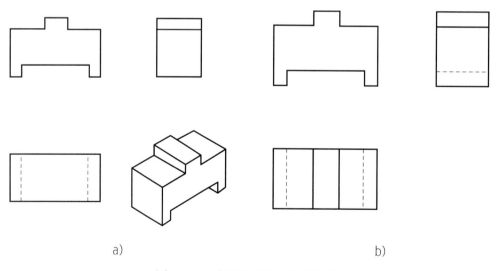

a)　　　　　　　　　　　　　　　　b)

图 2-9　三视图画图与读图示例

　点、线、面的投影

一、点的投影

(一)点的投影规律

点的正面投影和水平投影的连线垂直于 OX 轴,即 $aa' \perp O_X$。

点的正面投影和侧面投影的连线垂直于 OZ 轴,即 $a'a'' \perp O_Z$。

点的水平投影到 OX 轴距离等于点的侧面投影到 OZ 轴的距离。即 $aa_{YH} \perp O_{YH}$,$a''a_{YW} \perp O_{YW}$,$aa_X = a''a_Z$。

点的投影到投影轴的距离,分别等于空间点到相应投影面的距离,也等于空间点的某一坐标值。因此,点 $A(x,y,z)$ 到 W 面的距离 = X 坐标值,点到 V 面的距离 = Y 坐标值,点到 H 面的距离 = Z 坐标值,即:$a'a_Z = aa_Y = Aa'' = Oa_X$ $aa_X = a''a_Z = Aa' = Oa_Y$ $a'a_X = a''a_Y = Aa = Oa_Z$。

在三投影面体系中有一点 A,过点 A 分别向三个投影面作垂线,得垂足 a、a'、a'',即得点 A 在三个投影面的投影,如图 2-10 所示。

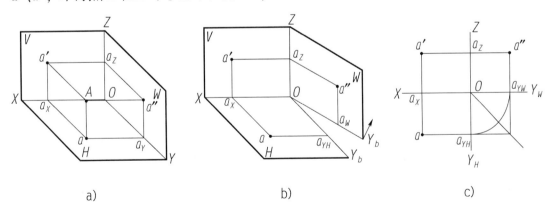

a)　　　　　　　　b)　　　　　　　　c)

图 2-10　点的投影规律

(二)两点的相对位置

两点的相对位置指两点在空间的左右、前后、上下位置关系。判断方法为:x 坐标大的在左,y 坐标大的在前,z 坐标大的在上。如图 2-11 所示,B 点在点 A 的后、左、下方。

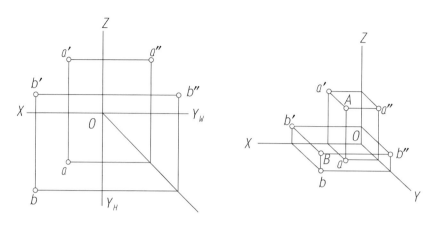

图 2-11　两点的相对位置

空间两点在某一投影面上的投影重合为一点时,则称此两点为该投影面的重影点,被挡住的投影加"( )"。如图 2-12 所示,如果沿着 C 点投影方向观察 C、A 两个点的水平方向投影, 即 C 点为可见,A 点为不可见,因此,表示为 $c(a)$。可见性可以根据两点的不重影的坐标大小来判定。坐标值大的可见, 坐标值小的不可见。

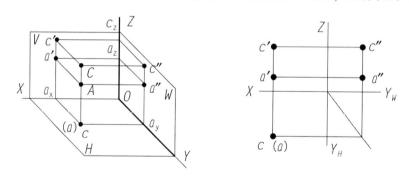

图 2-12　被挡住的投影

【实例 2】　已知点的两面投影求作第三面投影。分别过 a 作 Z 轴的垂线和过 a' 作 Y_H 的垂线交等宽线后,再过其与等宽线的交点作 Y_W 的垂线,与 $a'a_Z$ 所在直线交于一点,即为所求点的侧面投影 a'',如图 2-13 所示。

二、直线的投影

过空间中任意两点,可以确定空间的一条直线。从投影原理可知,直线的投影一般仍是直线。如图 2-14 所示,分别作出直线上两点的三面投影之后,把点连接起来就得到其同面投影,ab、$a'b'$、$a''b''$ 即为直线的三面投影。

按直线在空间的位置不同,将直线分为投影面平行线、投影面垂直线和一般位置直线。

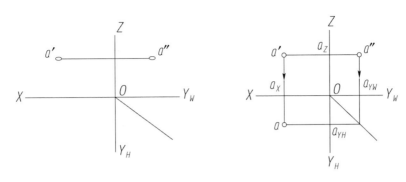

图 2-13　【实例 2】作图

（一）投影面平行线

平行于一个投影面,而与另外两个投影面倾斜的直线称为投影面平行线。根据投影面平行线在三投影体系中与各投影面之间的相互位置关系,投影面平行线又分为以下三种。

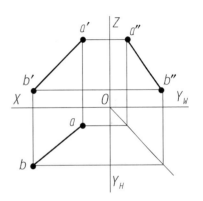

图 2-14　直线的投影

（1）水平线:平行于 H 面,而与 V、W 面倾斜的直线。水平投影为倾斜于投影轴的直线,反映实长及倾角;另外两投影分别平行于相应投影轴。

（2）正平线:平行于 V 面,而与 H、W 面倾斜的直线。正面投影为倾斜于投影轴的直线,反映实长及倾角;另外两投影分别平行于相应投影轴。

（3）侧平线:平行于 W 面,而与 H、V 面倾斜的直线。侧面投影为倾斜于投影轴的直线,反映实长及倾角;另外两投影分别平行于相应投影轴。

表 2-1 说明了投影面平行线的投影特性。

投影面平行线的投影特性　　　　　　　　　　　表 2-1

名称	轴测图	投影图	投影特性
水平线			$a'b'$ 反映实长和实际倾角 α、γ; 　$ab \parallel o_X$, $a''b'' \parallel o_Z$,长度缩短

名称	轴测图	投影图	投影特性
正平线			cd 反映实长和实际倾角 β、γ；$c'd' \parallel o_X$，$c''d'' \parallel o_{YW}$，长度缩短
侧平线			$e''f''$ 反映实长和实际倾角 α、β；$e'f' \parallel o_Z$，$ef \parallel o_{YH}$，长度缩短

注：直线与投影面之间的夹角即称为直线对该投影面的倾角。用 α、β、γ 分别表示直线对 H、V、W 三投影面的倾角。

(二)投影面垂直线

垂直于一个投影面而同时平行于另外两个投影面的直线称为投影面垂直线。根据投影面垂直线在三投影体系中与各投影面之间的相互位置关系，投影面垂直线又分为三种类型：铅垂线、正垂线、侧垂线。表2-2说明了投影面垂直线的投影特性。

投影面垂直线的投影特性 表2-2

名称	轴测图	投影图	投影特性
正垂线			$a'(b')$ 积聚成一点；$ab \parallel o_{YH}$，$a''b'' \parallel o_{YW}$，都反映实长

续上表

名称	轴测图	投影图	投影特性
铅垂线			$c(d)$ 积聚成一点； $c'd'//oZ$，$c''d''//oZ$，都反映实长
侧垂线			$e''(f'')$ 积聚成一点； $ef//oX$，$e'f'//oX$，都反映实长

（三）一般位置直线

与三个投影面都呈倾斜状态的直线,称为一般位置直线,该直线与其投影之间的夹角为直线对该投影面的倾角。一般位置直线的投影特性是:三个投影都倾斜于投影轴,长度缩短。如果直线的三面投影与三投影轴都倾斜,则可判定该直线为一般位置直线。如图 2-15 所示,直线 AB 对投影面 V、H 和 W 都处于倾斜位置,则该直线就是一般位置直线。

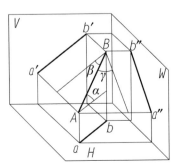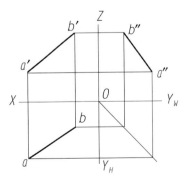

图 2-15　一般位置直线

(四)直线上的点

点在直线上,则点的各面投影必在该直线的同面投影上,这一投影特性,称为从属性。该点将直线的各面投影和空间直线分成相同的比例,这一投影特性,称为定比性。

根据正投影法基本性质中的从属性:若点在直线上,则点的投影必在相应投影上,且点分线段的空间长度之比等于其投影长度之比,即 $AC:BC=ac:bc$(定比定理)。可知,直线上点的投影特性如下:

(1)若点在直线上,则该点的各投影必在该直线的相应投影上。反之,若一个点的各投影分别在某直线的各相应投影上,则该点一定在该直线上,如图 2-16a)所示。

(2)如点在直线上,则该点分直线段的空间长度之比等于其分相应投影长度之比,即 $AC:BC=ac:bc$(定比定理),如图 2-16b)所示。

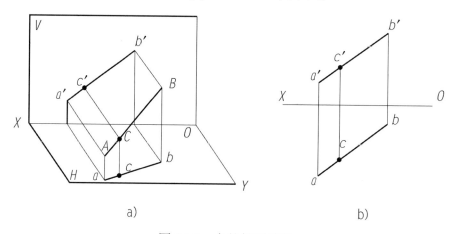

图 2-16 点的投影特性

(五)两直线的相对位置

两直线在空间的相对位置有平行、相交、交叉三种情况,平行和相交两直线位于同一平面上,又称为共面直线;而交叉两直线不在同一平面上,又称为异面直线。一般情况下,当两直线同时平行于某一投影面时,要判断它们是否平行,则须看此两直线在所平行的那个面上的投影是否平行。

1. 平行两直线

空间两直线平行,其同面投影必定平行;如果空间两直线 AB、CD 平行,按正投影法,过 AB、CD 所作投影面的投射面必定互相平行,两平行投射面与同一投影面的交线(即 AB、CD 的投影)也必然平行。由此可得出平行两直线的投影特性为：

平行两直线的同面投影必定相互平行,即 $ab \parallel cd$,$a'b' \parallel c'd'$,$a''b'' \parallel c''d''$,如图 2-17 所示。反之,若两直线的各同面投影相互平行,则两直线在空间一定相互平行。

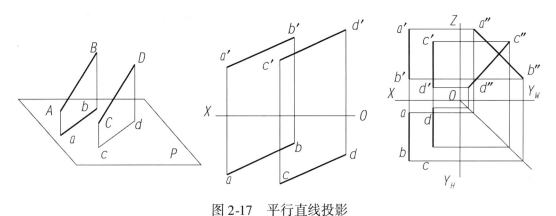

图 2-17　平行直线投影

2. 相交两直线

两直线相交,只能交于一点,该点为两直线的所共有点。当两直线相交时,其同面投影一定相交,交点的投影连线垂直于投影轴。空间两直线 AB、CD 相交于点 K,则交点 K 是两直线的共有点,如图 2-18 所示。因此,点 K 的 H 面投影 k 必在 ab 上,又必在 cd 上,故 k 必为 ab、cd 的交点。同理,点 K 的 V、W 面投影 k'、k'',必为 $a'b'$、$c'd'$ 及 $a''b''$、$c''d''$ 的交点。同时,点 K 是空间的一个点,它的三面投影 k、k'、k'' 必然符合点的投影规律。

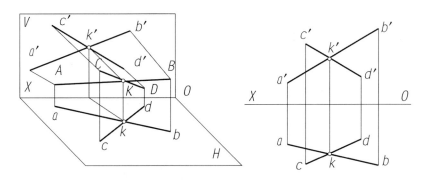

图 2-18　相交直线投影

一般情况下,只需任意两面投影就可判断两直线是否相交。当两直线中有一直线平行于某投影面时,要判断它们是否相交,则要对直线所平行的投影面加以检查,才能作出正确的判断。

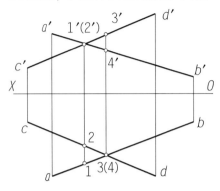

图 2-19　交叉直线投影

3.交叉两直线

空间两直线既不平行又不相交,称为交叉两直线,如图 2-19 所示。因此,它们的三面投影不具有平行或相交两直线的投影特性。交叉两直线的同面投影,有时可能相交,但各投影面的交点,不会符合同一点的投影规律。交叉两直线同面投影表现出的交点,实际上是交叉两直线上两点的重影。V 面上的重影点 1、2,点 1 的 Y 坐标值大,故点 1 为可见点;H 面上的重影点 3、4,点 3 的 Z 坐标值大,故点 3 为可见点。只有投影重合处才产生可见性问题,每个投影面上的重影点要分别判断其可见性。

三、平面的投影

按照平面在空间的位置不同,将平面分为投影面的垂直面、平行面和一般位置平面。几何体的任一平面,都具有一定的形状、大小和位置。从形状上看,常见的平面有由直线围成的三角形、矩形等多边形平面和由曲线围成的圆、椭圆等曲线平面,还有由直线和曲线共同围成的混合平面。平面投影的作图方法就是将图形轮廓线上的一系列点向投影面投影,即得该平面的投影,如图 2-20 所示。

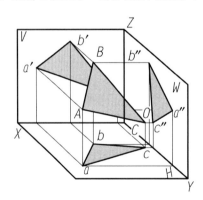
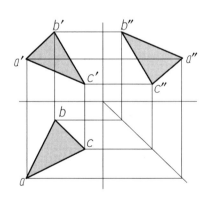

图 2-20　平面的投影

空间平面按照平面与三个投影面的相对位置的不同可分为三类:投影面平行面、投影面垂直面和一般位置平面。其中,投影面平行面和投影面垂直面又统称为特殊位置平面。

1. 投影面平行面

平行于一个投影面,则必垂直于另两个投影面,这样的平面称为投影面平行面。根据投影面平行面在三投影体系中与各投影面之间的相互位置关系,可把其分为三种类型。

(1)水平面:平行于 *H* 面同时垂直于 *V*、*W* 面的平面;水平面投影反映实形,另两面投影积聚成为直线且平行于相应投影轴。

(2)正平面:平行于 *V* 面同时垂直于 *H*、*W* 面的平面;正平面投影反映实形,另两面投影积聚成为直线且平行于相应投影轴。

(3)侧平面:平行于 *W* 面同时垂直于 *H*、*V* 面的平面;侧平面投影反映实形,另两面投影积聚成为直线且平行于相应投影轴。表 2-3 说明了投影面平行面的投影特性。

投影面平行面的投影特性 表 2-3

名称	轴测图	投影图	投影特性
水平面			正面投影反映实形;水平投影平行 *OX*,侧面投影平行 *OZ*,并分别积聚成直线
正平面			水平投影反映实形;正面投影平行于 *OX*,侧面投影平行 *OYW*,并分别积聚成直线

续上表

名称	轴测图	投影图	投影特性
侧平面			侧面投影反映实形； 正面投影平行 OZ，水平投影平行 OY_H，并分别积聚成直线

2.投影面垂直面

垂直于一个投影面,而与另外两个投影面倾斜,这样的平面称为投影面垂直面。根据投影面垂直面在三投影体系中与各投影面之间的位置关系,把其分为二种类型。

(1)铅垂面:垂直于 H 面,而与 V、W 面倾斜的平面;水平面投影积聚成直线,另两面投影为类似平面。

(2)正垂面:垂直于 V 面,而与 H、W 面倾斜的平面;正平面投影积聚成直线,另两面投影为类似平面。

(3)侧垂面:垂直于 W 面,而与 H、V 面倾斜的平面;侧平面投影积聚成直线,另两面投影为类似平面。表2-4说明了投影面垂直面的投影特性。

投影面垂直面的投影特性　　　　　　　　　　　表2-4

名称	轴测图	投影图	投影特性
铅垂面			正面投影积聚成直线,并反映真实倾角。 水平投影、侧面投影为类似型,面积缩小

续上表

名称	轴测图	投影图	投影特性
正垂面			水平投影积聚成直线,并反映真实倾角。 正面投影、侧面投影为类似型,面积缩小
侧垂面			侧面投影积聚成直线,并反映真实倾角。 正面投影、水平投影为类似型,面积缩小

3. 一般位置平面

与三个投影面都倾斜的平面称为一般位置平面。如图 2-21 所示,△ABC 对三个投影面都处于倾斜位置,它的三面投影均既不能积聚成直线,又不能反映实形,而是面积缩小的类似形。

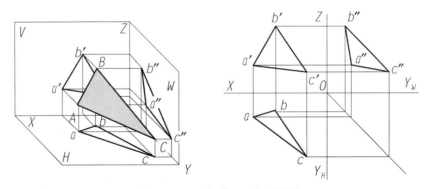

图 2-21　一般位置平面投影

一般位置平面的投影特性是:三面投影均不反映实形,且均为缩小了的类似形。

如果平面的三面投影均是类似的平面图形,则该平面一定是一般位置平面。

 基本几何体的投影及尺寸标注

基本体:基本几何形体就是基本体,基本体按组成表面性质不同可分为平面立体和曲向立体(图2-22)。

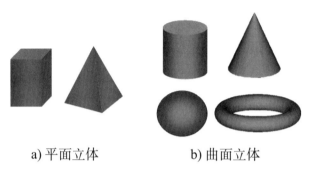

　　　　a) 平面立体　　　　　　　　　b) 曲面立体

图2-22　基本体

平面立体:形体的表面都是由平面组成的,如棱柱、棱锥等。

曲面立体:形体的表面既有平面又有曲面或者都是由曲面组成的(常见的曲面体为回转体),如圆柱、圆锥、球和圆环等。

一、平面立体

表面全部为平面的立体称为平面立体,相邻平面的交线为棱线。平面立体主要分为棱柱和棱锥两类。棱柱由上下底面和几个侧面组成,侧面上的棱线相互平行;棱锥由下底面和几个侧面组成,侧面上的棱线交于一点。求平面体的投影实质是求组成立体的各表面及棱线的投影。

【实例3】　画出图2-23所示的正六棱柱的三视图。

1. 投影分析

六棱柱的上下底面为水平面,水平投影反应实形;前后面为正平面,正面投影重合且为矩形实形;其余四个侧面是铅垂面,水平投影积聚为线,侧面投影是矩形。作图时,由于水平投影是特征形,故先从水平投影作起,三个视图结合起来作图。

2. 作图步骤

(1)确定基准,分别选取左右对称面、前后对称面及底面为 X、Y、Z 方向的尺寸基准,画出三个视图的基准线,如图2-24a)所示;

（2）先作出反映六棱柱形状特征的俯视图——正六边形，如图2-24b)所示；

（3）按正六棱柱高度，作出上下底面的 V 面投影和 W 面投影，如图2-24c)所示；

（4）按长对正、宽相等，做出六条棱线的 V 面投影和 W 面投影，如图2-24d)所示。

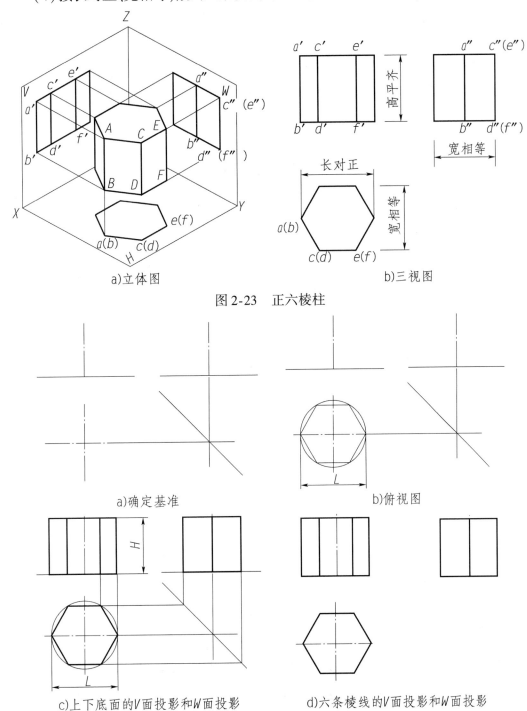

图 2-23　正六棱柱

图 2-24　正六棱柱三视图画法

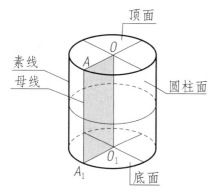

图 2-25 曲面立体

二、曲面立体

由平面和曲面或完全由曲面构成的立体,称为曲面立体。一条母线绕着与它平行的轴线旋转,形成圆柱面,由圆柱面和上下底面围成的几何体,即圆柱体。圆柱面由直线 AA_1 绕与它平行的轴线 OO_1 等距旋转而成,圆柱面上任意一条平行于轴线的直线称为素线,也称为转向轮廓素线,如图 2-25 所示。

【**实例 4**】 画出图 2-26 所示的圆柱的三视图。

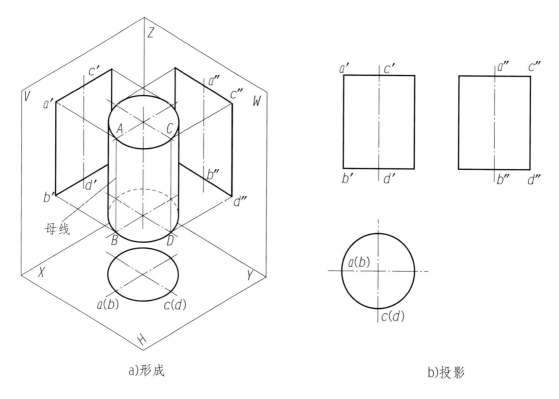

a)形成   b)投影

图 2-26 圆柱

1.投影分析

顶面和底面在俯视图的投影为圆,另两投影的面投影为直线;圆柱面在俯视图的投影为圆周,另两投影面的投影为大小相等的矩形线框,用细点画线表示轴线的投影。

2. 作图步骤

（1）绘制各视图的轴线和对称中心线作为基准线，圆柱面在俯视图上积聚为圆，绘制俯视图上的圆。

（2）按照"长对正"的投影规律，绘制圆柱的主视图，再根据"高平齐、宽相等"的投影规律，绘制圆柱的左视图。

（3）检查，擦掉多余图线；描深，完成圆柱三视图的绘制，如图 2-27 所示。

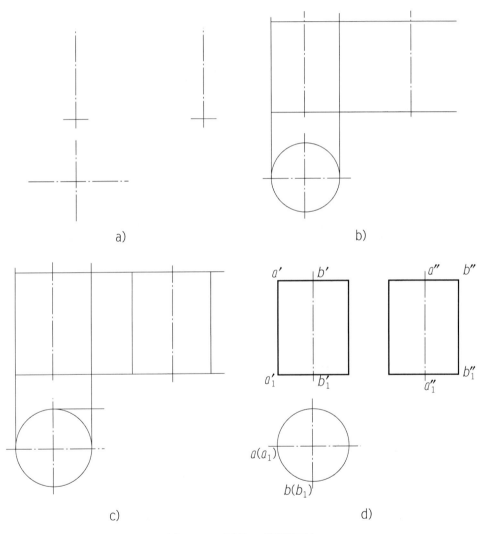

图 2-27　圆柱三视图画法

三、基本几何体的尺寸标注

任何物体都具有长、宽、高三个方向的尺寸。在视图上标注基本几何体的尺寸时,应将三个方向的尺寸标注齐全,既不能少,也不能重复和多余。棱柱、棱锥应标注确定底面大小和高度的尺寸;棱台应标注上下底面大小和高度的尺寸;正方形边长前可加注"□"或标注"B×B",如图2-28所示。

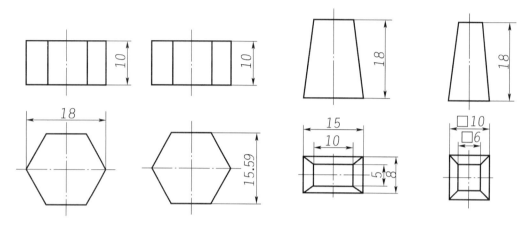

图 2-28　基本几何体的尺寸标注

课 题 四　组合体的投影及尺寸标注

一、组合体的形体分析法

由两个或两个以上的基本几何体构成的物体称为组合体。形体分析法是假想将组合体分解为若干基本形体,通过分析它们的结构形状、组合方式和相对位置,明确形体间相邻表面的连接关系,从而揭示组合体的结构形状。这种将复杂的组合体分解成简单的几何体进行分析的方法,称为形体分析法。形体分析法是画图和读图的基本方法。

二、组合体中相邻形体表面的连接关系

任何复杂的机器零件,都是由一些基本体组合而成的,这种由基本体组合而成的物体称为组合体,组合体的基本几何体间的相互位置不同,形成组合体的形状也就不同。掌握相邻形体的表面连接形式及其画法,对于准确地绘图、不多线也不漏画线有重要的意义。

组合体中相邻形体表面的连接关系可分为四种:相错、平齐、相切、相交。在对组合体进行表达时,必须注意其组合形式和各组成部分表面间的连接关系,在

绘图时才能做到不多线和不漏线。同时,在读图时也必须注意这些关系,才能清楚组合体的整体结构形状,以及不同位置关系在绘图时的表达方法。组合体分为叠加式、切割式和综合式,如图2-29所示。

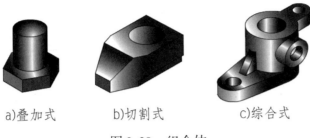

a)叠加式　　　　b)切割式　　　　c)综合式

图2-29　组合体

三、画组合体视图的方法和步骤

1.形体分析

支承板叠加在底板上,它们的后表面平齐;支承板的侧面与空心圆柱体的圆柱面相切,它们的后表面不平齐;肋板与空心圆柱体和支撑板相交。轴承座的总体结构左右对称,如图2-30所示。

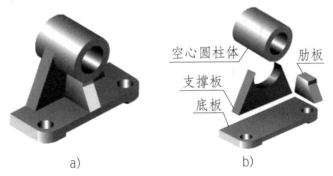

空心圆柱体

肋板

支撑板

底板

a)　　　　　　　　　　　b)

图2-30　轴承座

2.确定主视图方向

主视图是主要视图,一般应能较全面地反映组合体各部分的形状特征以及它们之间的相对位置,并应将组合体的主要表面放置成与投影面平行,以便投影表达实形,同时也要照顾其他视图中的不可见轮廓线尽可能地少。此外,还应考虑形体的安放位置,一般选择大平面作为底面,以放置稳定。以箭头的方向作为主视图的投射方向符合上述基本要求。

3.确定比例及图幅

根据组合体的大小,先选定适当的比例,选定图幅。

4.画底稿

图 2-31 所示为组合体绘制的底稿。

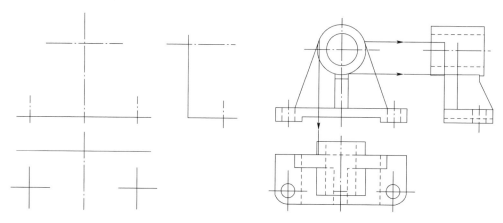

图 2-31　底稿

5.检查、描深,完成全图

图 2-32 为检查、描深后完成的组合体全图。

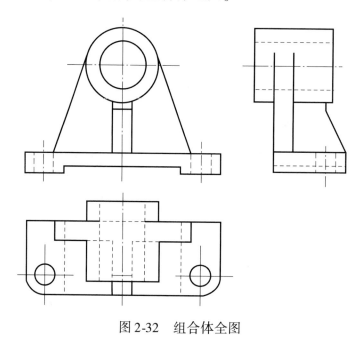

图 2-32　组合体全图

四、组合体的尺寸标注

标注组合体尺寸的要求是正确、完整、清晰。正确是指标注出的尺寸应符合国家标准的有关规定;完整是指尺寸应齐全,既不遗漏,也不重复;清晰是指尺寸

布置要整齐,便于查找和阅读。尺寸布置的规则可概括为三点:突出特征、相对集中、布局清晰整齐。现将一些重要规则列出如下:

(1)定形尺寸应尽量集中标注在形状特征明显的图中。

(2)定位尺寸应尽量标注在位置特征明显的图中。

(3)同方向的平行尺寸,小尺寸在内、大尺寸在外,且间隔均匀。

(4)同方向的串联尺寸,尽量排齐在同一直线上。

(5)尺寸应尽量标注在视图外面,并且应尽量避免尺寸线之间、尺寸界线之间、尺寸线与尺寸界线之间相交。

(6)圆弧半径只能标注在投影为圆弧的图中。

标注总体尺寸(总长、总宽、总高),若某个方向的总体尺寸不存在则注出该总体尺寸,若已经存在则不再标注,如图 2-33 所示。

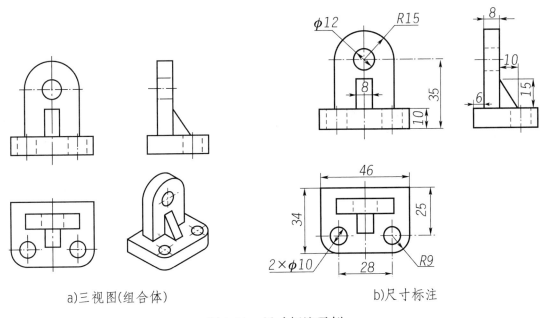

a)三视图(组合体)　　　　　　　　　b)尺寸标注

图 2-33　尺寸标注示例

单元三　机件形状的表达方法

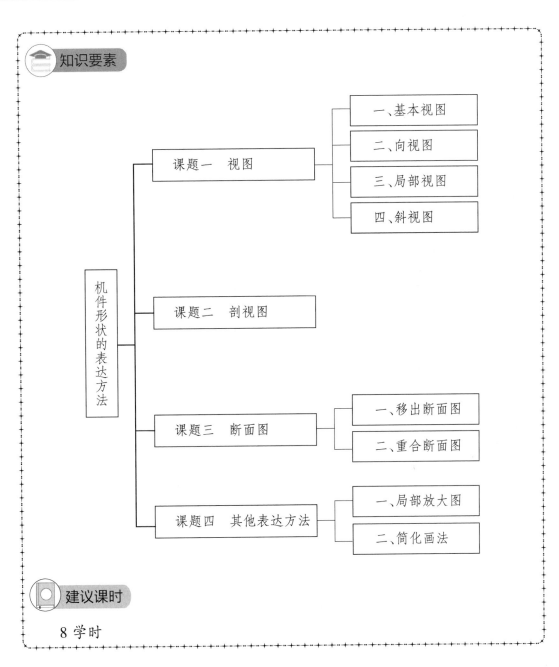

知识要素

机件形状的表达方法

课题一　视图
- 一、基本视图
- 二、向视图
- 三、局部视图
- 四、斜视图

课题二　剖视图

课题三　断面图
- 一、移出断面图
- 二、重合断面图

课题四　其他表达方法
- 一、局部放大图
- 二、简化画法

建议课时

8 学时

引导案例

　　某汽车零件加工厂最近接到了一个订单,客户的车辆因某个关键部件损坏,需要进行定制,但因没有详细零件图(图3-1),所以员工只能用已损坏的部件重新绘制说明图,获得其数据后再用数控机床进行加工。

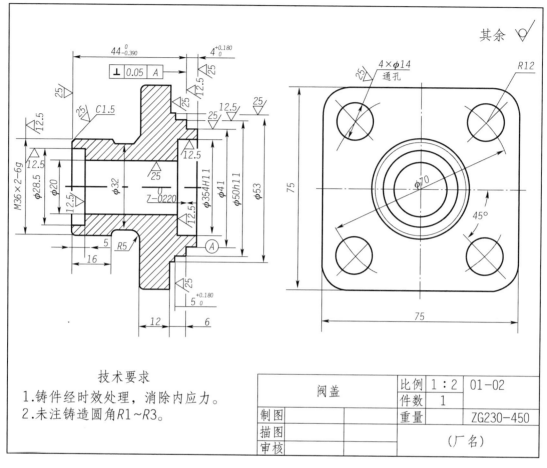

技术要求

1.铸件经时效处理,消除内应力。
2.未注铸造圆角R1~R3。

	阀盖	比例	1:2	01-02
		件数	1	
制图		重量		ZG230-450
描图				(厂名)
审核				

图 3-1 零件图

引例分析

　　在图纸上表达一个零件,可以绘制出若干数量的视图,但是表达一个零件究竟需要采用几个视图,具体情况需要具体分析。通常确定视图的数量,可以遵循一个最基本的原则,即在能够完全反映清楚机械零件内、外部的形状和结构的前提下,视图的数量要越少越好。

课 题 一　视 图

　　视图是机件向投影面正投影投射所得的图形,主要用来表达机件的外部结构形状,一般仅画出机件的可见部分,必要时用虚线画出少许不可见部分的轮廓线。视图分为基本视图、向视图、局部视图和斜视图。视图的画法要遵循国家标准的规定。

一、基本视图

机件向基本投影面投影所得的视图,称为基本视图(图3-2)。

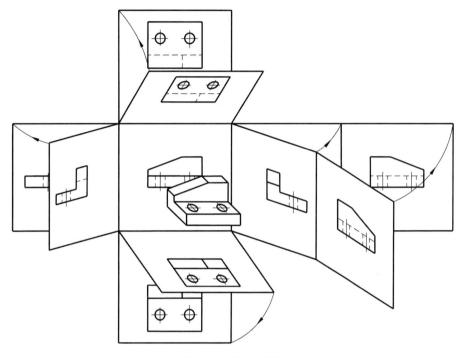

图3-2　基本视图

将物体置于六面体中间,分别向各投影进行正投影,可以得到六个基本视图(图3-3)。

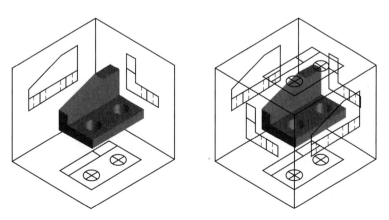

图3-3　视图的六视图投影

(1)主视图:由前向后正投影所得的视图;

(2)俯视图:由上向下正投影所得的视图;

(3)左视图:由左向右正投影所得的视图;

(4)右视图:由右向左正投影所得的视图;

(5)仰视图:由下向上正投影所得的视图;

(6)后视图:由后向前正投影所得的视图。

六个投影面展开时,规定正投影面不动,其余各投影面按图示的方向,展开到正投影面所在的平面上。主视图被确定之后,其他基本视图与主视图的配置关系也随之确定,此时可以不标注视图名称。

视图的度量对应关系:仍然遵守"三等"规律(投影规律)。

视图的方位对应关系:除后视图外,靠近主视图的一边是物体的后面,远离主视图的一边是物体的前面。

二、向视图

可以自由配置的视图,称为向视图(图3-4)。

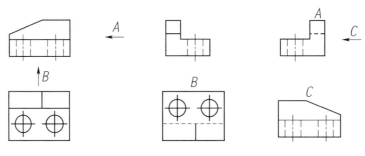

图3-4 向视图

向视图的配置方式:在向视图的上方标注字母,在相应视图附近用箭头指明投射方向,并标注相同的字母。另外,要求表示投射方向的箭头尽可能配置在主视图上,只是表示后视投射方向的箭头才配置在其他视图上。当某个基本视图不能按照规定的位置配置时,国家标准规定,允许自由配置视图。不按规定的位置配置的基本视图即为向视图。此时,应在其他某个基本视图上用箭头指明向视图的投影方向,并在箭头的附近注上大写的英文字母"×",同时在向视图的正上方标出相同的字母(也可加上"向",即"×向")。

三、局部视图

将物体的某一部分向基本投影面投射所得的视图,称为局部视图(图3-5)。

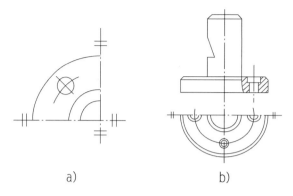

图 3-5　局部视图

局部视图表达的注意事项：

（1）用带字母的箭头指明要表达的部位和投射方向，并注明视图名称。

（2）局部视图的范围用波浪线表示。当表示的局部结构是完整的且外轮廓封闭时，波浪线可以省略。

四、斜视图

将物体向不平行于基本投影面的平面投射所得的视图，称为斜视图（图 3-6）。

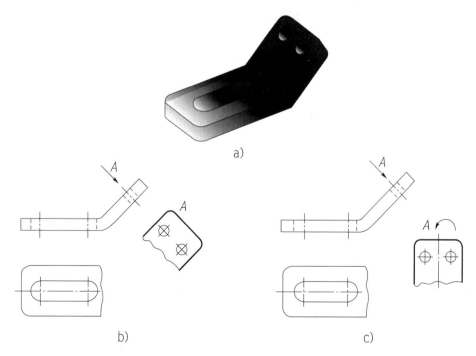

图 3-6　斜视图

（1）斜视图只用于表达机件倾斜部分的局部形状。其余部分不必画出，其断裂边界处用波浪线表示。

（2）斜视图通常按向视图形式配置。必须在视图上方标出名称"×"，用箭头指明投影方向，并在箭头旁水平注写相同字母。

（3）在不引起误解时允许将其旋转，但需在斜视图上方注明。

假想用一剖切面将机件剖开，移去剖切面和观察者之间的部分，将其余部分向投影面投射，并在剖面区域内画上剖面符号，所得视图称为剖视图（图3-7）。

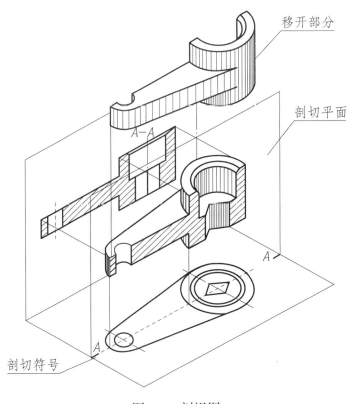

图3-7　剖视图

当机件的内部结构比较复杂时，视图上会出现较多虚线而使图形不清晰，不便于识图和标注尺寸。为了清晰地表达机件的内部结构，常采用剖视图的表达方式。剖视图的画法要遵循国家标准的规定，用适当的视图表达所示机件。在剖视图中，剖切平面与机件接触的部分，称为断面。在断面区域内必须画出剖面符号。

对于剖面符号,有如下规定:

(1)因机件材料的不同,剖面符号也不相同。画图时应采用《技术制图图样画法剖面区域的表示法》(GB/T 17453—2005)所规定的剖面符号。

(2)剖面线应以适当角度绘制,一般与主要轮廓或剖面区域的对称线呈45°(适用于金属材料)。

(3)对于同一机件来说,在其各剖视图和断面图中,剖面线倾斜的方向应一致,间隔要相同。

当需要表明机件的材料类别时,应按图3-8规定的方式绘制。

金属材料(已有规定剖面符号者除外)		线圈绕阻元件		固体材料	
非金属材料(已有规定剖面符号者除外)		转子、电枢、变压器和电抗器等的叠钢片		混凝土	
木材	纵剖面		型砂、填沙、砂轮、陶瓷及硬质合金刀片、粉末冶金等		钢筋混凝土	
	横剖面		液体		基础周围的泥土	
玻璃及供观察用的其他透明材料		木质胶合板(不分层数)		格网(筛网、过滤网等)	

图3-8　各种材料的剖面符号

画剖视图应该注意:

(1)确定剖面的位置与方向,剖面的选择应清晰准确。

(2)剖切平面为假想的平面,实际机件并未剖开。

(3)剖切面后方的可见部分要全画出。

(4)在剖视图上已表达清楚的结构,在其他视图上此部分结构的投影为虚线时,其虚线省略不画,但没有表示清楚的结构,允许画少量虚线。

剖视图的标注方法如下:

（1）剖切线：指示剖切面的位置。

（2）剖切符号：表示剖切面起止和转折位置及投射方向。

（3）剖视图的名称：表示剖切面的具体名称及标志。

剖视图的读图步骤如下：

（1）确定剖切面的位置。

（2）明确剖切面在视图上通过了几个线框。

（3）根据剖视图，确定各线框所示表面的空间位置。

（4）构建立体模型。

常用的剖切面有以下三种：

（1）单一剖切平面（图 3-9）：平行于某一基本投影面的单一剖切平面剖切。

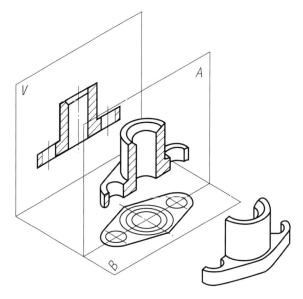

图 3-9　单一剖切平面

（2）阶梯剖（图 3-10）：当零件的内部结构位于几个平行平面时，可采用几个相互平行的剖切面从不同位置的孔轴线剖切开，这样，在一个剖视图上可以把几个孔的形状和位置表达清楚，作剖视图时要用符号标注转折处位置，但不要画出两个剖切面转折处的投影。

（3）几个相交的剖切面（图 3-11）：当零件具有回转轴时，用单一剖切面不能完整表达内部形状，可采用两个或两个以上的相交剖切面在回转轴处剖开零件，将剖开后结构旋转到选定的投影面平行投影。采用这种方法画剖视图时，先假想按剖切位置剖开机件，然后将被剖切平面剖开的倾斜部分结构及其有关部分，绕回转中心（旋转轴）旋转到与选定的基本投影面平行后再投影。

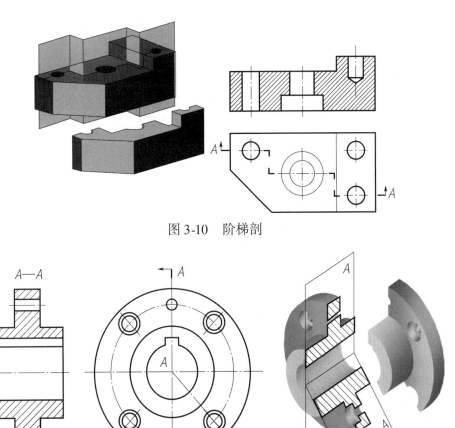

图 3-10　阶梯剖

图 3-11　几个相交的剖切面

剖视图分为全剖视图、半剖视图和局部剖视图。

（1）全剖视图：用剖切面完全地剖开机件所得的剖视图称为全剖视图（图 3-12）。全剖视图一般适用于表达内形比较复杂、外形比较简单或外形已在其他视图上表达清楚的零件。

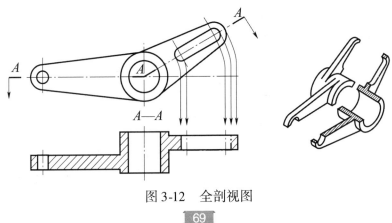

图 3-12　全剖视图

（2）半剖视图（图3-13）：当零件具有对称平面时,向垂直于对称平面的投影面上投射所得的图形,可以对称中心线为界,一半画成剖视图,另一半画成视图,这样的图形称为半剖视图。半剖视图既充分地表达了机件的内部形状,又保留了机件的外部形状,所以,常用它来表达内外形状均比较复杂的对称机件。

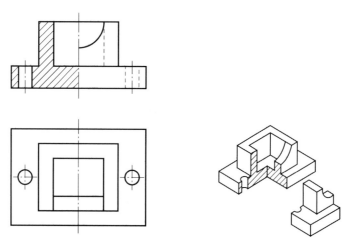

图 3-13　半剖视图

①视图与剖视图的分界线应是对称中心线（细点画线）,而不应画成粗实线,也不应与轮廓线重合。

②机件的内部形状在半剖视图中已表达清楚,在另一半视图上就不必再画出虚线,但对于孔或槽等,应画出中心线位置。

（3）局部剖视图（图3-14）：用剖切面局部地剖开机件所得的剖视图。

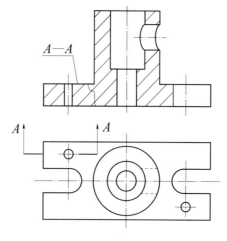

图 3-14　局部剖视图

①局部剖视图用波浪线或双折线分界,波浪线、双折线不应和图样上其他图

线重合。

②当被剖结构为回转体时,允许将该结构的轴线作为局部剖视与视图的分界线。

③当单一剖切面的剖切位置明显时,局部剖视图可以省略标注。

 断　面　图

断面图(图3-15)是指,假想用剖切面将机件的某处切断,只画出该剖切面与机件接触部分的图形。

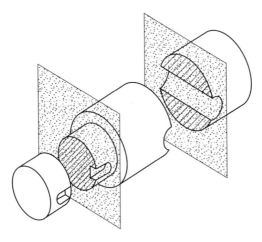

图3-15　断面图

断面图与剖视图的区别在于,断面图只能绘制断面的形状,剖视图除了绘制断面形状外,还要绘制其后面可见部分轮廓的投影(图3-16)。

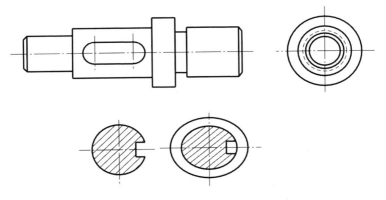

图3-16　断面图与剖视图的区别

断面图可分为移出断面图和重合断面图。

一、移出断面图

移出断面图即图形应画在视图之外,轮廓线用粗实线绘制,配置在剖切线的延长线上或其他适当的位置,如图 3-17 所示。

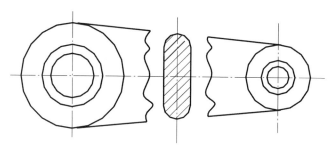

图 3-17　移出断面图

二、重合断面图

断面图的图形画在视图之内称为重合断面,如图 3-18 所示。重合断面轮廓线用细实线绘制,可不必标注断面位置。

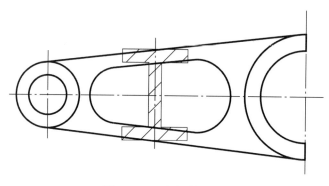

图 3-18　重合断面图

课题四　其他表达方法

在机械制图中,因机件上的某些细小结构在基本视图上表达不清楚,有一些细小结构处的尺寸也不便标注。对此,国家标准还规定了其他几种表达方式,使得这些问题得以解决。常见的有局部放大图与简化画法。

一、局部放大图

将零件上的部分结构用大于原图形所采用的比例画出的图形称为局部放大图(图 3-19)。

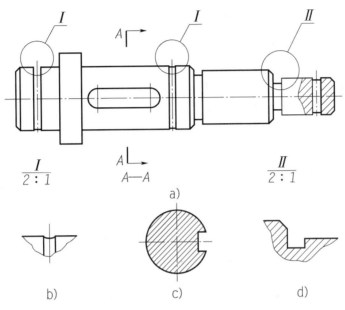

图 3-19 局部放大图法

局部放大图可以采用视图、剖视图、断面图的形式画出,与原来被放大的部分所采用的绘图形式无关。局部放大图所采用的比例应根据需要确定,与原图形所采用的比例大小无关。

局部放大图的标注规定如下:

(1)用细实线圆圈在原视图中把需要放大的部分圈出,然后从圆圈上用细实线倾斜引出,并用罗马数字顺序标注,在局部放大图的正上方采用分数形式标出对应的罗马数字和所采用的比例。

(2)当图中零件上有几处需要放大时,各个局部放大图所采用的比例可以不要求相同。

二、简化画法

将原图中过于复杂的表达方法通过技术要求进行简化的绘制方式称为简化画法。

(1)肋板——对于机件的肋板,如按纵向剖切,肋板不画剖面符号,而用粗实线将它与其邻接部分分开(图 3-20)。

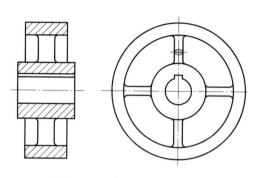

图 3-20　肋板的简化画法

（2）断开——轴、杆类较长的机件,当沿长度方向形状相同或按一定规律变化时,允许断开画出。但标注尺寸时,仍要标注实长(图 3-21)。

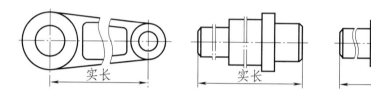

图 3-21　较长断开件的简化画法

（3）对称——在不至于引起误解时,可只画出一半或四分之一,并在对称中心线的两端画出两条与其垂直的平行细实线(图 3-22)。

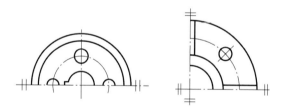

图 3-22　对称的简化画法

（4）机件上小平面——当回转机件上的平面在图形中不能充分表达时,可用相交的两条细实线表示(图 3-23)。

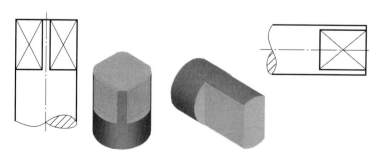

图 3-23　较小平面件的简化画法

(5)圆柱体交线——圆柱体上因钻小孔、铣键槽等出现的交线,是允许省略的,但必须有其他视图清楚地表示孔、槽的形状(图3-24)。

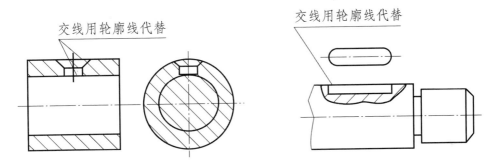

图3-24　圆柱体交线的简化画法

　　(6)结构相同要素——当机件上有若干相同的结构要素并按一定的规律分布时,只需画出几个完整的结构要素,其余的用细实线连接或画出其中心位置即可(图3-25)。

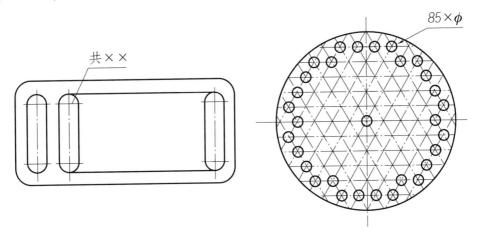

图3-25　结构相同要素的简化画法

单元四 零件图

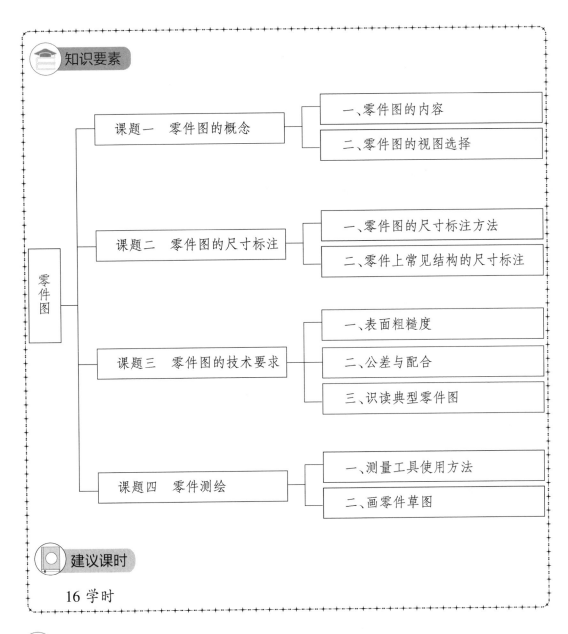

知识要素

零件图

课题一　零件图的概念
- 一、零件图的内容
- 二、零件图的视图选择

课题二　零件图的尺寸标注
- 一、零件图的尺寸标注方法
- 二、零件上常见结构的尺寸标注

课题三　零件图的技术要求
- 一、表面粗糙度
- 二、公差与配合
- 三、识读典型零件图

课题四　零件测绘
- 一、测量工具使用方法
- 二、画零件草图

建议课时

16 学时

引导案例

某日,某汽车销售服务有限公司仓库管理实习员小杨收到某汽车有限责任公司某汽车机械厂汽车配件经销部发来的衬套配件,仓库主管安排小杨去验收该配件。请问小杨要根据什么去验收该配件,并判断该配件质量是否合格?

识读图 4-1 所示衬套零件图的表面粗糙度、尺寸公差和形位公差。

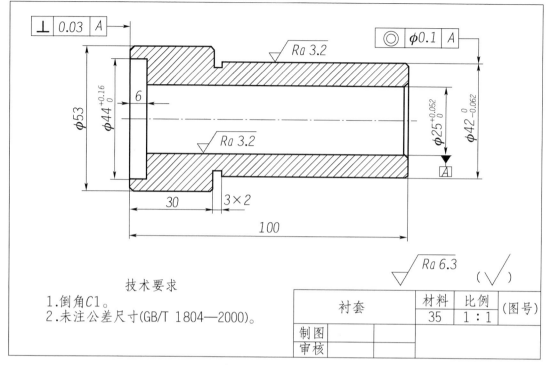

图4-1　衬套零件图

引例分析

读零件图的目的,就是要弄懂图样中所包含的所有信息,零件的实物结构形状、全部尺寸,尺寸公差、形位公差要求以及其他的技术要求,了解零件的制造方法和工艺要求。读零件图的方法和步骤如下。

1.读标题栏

通过读标题栏,可以了解零件的名称、材料、绘图所用比例、设计人员、工艺人员、审核人员,体现责任制。

2.分析零件图的表达方案

从零件图的所有视图进行全面分析,找到主视图、俯视图和左视图等基本视图,向视图、局部视图、剖视图、放大图、断面图等,分析各视图所采用的表达方式。

3.根据视图想象物体的空间形状

根据"长对正、高平齐、宽相等"的投影规律,运用形体分析法或线面分析法来识读零件各部分的形体,以及各形体之间的相互关系(平齐、相切、相交),原则上先读主视图、后读其他视图,先读外形、再读内形,先易后难、先粗后细,先想

象零件各部分的形状,然后综合想象出整个零件的形状。

4.读零件图中的尺寸

想象零件的结构特点,读各视图的主要尺寸,要先分析零件图中长、宽、高各方向的尺寸基准,还要了解同一方向上是否有主要基准和辅助基准之分。应用形体分析法和结构分析法,从尺寸基准出发找出各部分的定形尺寸、定位尺寸、工艺结构尺寸,确定零件的总长、总宽、总高尺寸。

5.读零件图中的技术要求

读零件图中标注的尺寸公差、形位公差、表面粗糙度以及其他文字表述的技术要求,确定零件哪些部分的精度要求较高、较重要,以便在加工时要考虑运用什么样的工艺方法来保证其零件质量符合图样要求。

以上识读零件图的方法与步骤仅供参考,每个部分可以穿插进行,可以灵活运用,直到读懂零件图上所有信息为准。

以衬套为例,进一步理解以上原则。如图 4-1 所示,通过标题栏看到:零件名称为衬套,材料为 35 钢,比例为 1:1。

主视图为全剖视图。通过主视图,了解该零件为轴套类零件。

(1)表面粗糙度。

①该衬套直径 $\phi25$mm 的内孔表面和直径 $\phi42$mm 的外圆柱面的表面轮廓算数平均偏差的上限值是 3.2μm。

②其他没有进行标注的表面轮廓算数平均偏差的上限值是 6.3μm。

(2)尺寸公差。

①直径 $\phi44$mm 的内孔:最大极限尺寸 $\phi44.16$mm;最小极限尺寸 $\phi44$mm;公差 0.16mm。

②直径 $\phi25$mm 的内孔:最大极限尺寸 $\phi25.052$mm;最小极限尺寸 $\phi25$mm;公差 0.052mm。

③直径 $\phi42$mm 的外圆柱:最大极限尺寸 $\phi42$mm;最小极限尺寸 $\phi41.938$mm;公差 0.062mm。

(3)几何公差。

①直径 $\phi53$mm 圆柱的左端面对直径 $\phi25$mm 内孔的轴线的垂直度公差为 0.03mm。

②直径 $\phi42$mm 圆柱的轴线对直径 $\phi25$mm 内孔的轴线的同轴度公差为 0.1mm。

（4）其他技术要求。

①图中未标注的倒角为 C1。

②图中未标注的尺寸公差按 GB/T 1804—2000 标准加工。

课 题 一　零件图的概念

机械是机器与机构的总称。一部机器或机构,都是由若干零件组成的。因此,零件是组成机器或机构的基本单元,也是机器或机构中最小的制造单位,如螺母、螺栓、齿轮、凸轮;曲轴、活塞等。常见机械如图 4-2 ~ 图 4-7 所示。

图 4-2　汽车

图 4-3　发动机总成

图 4-4　螺母

图 4-5　螺栓

图 4-6　阶梯轴

图 4-7 汽车曲轴和齿轮

零件图是表达零件内外结构形状、尺寸要求、技术要求的图样。零件图是工程技术人员表达设计思想的重要技术文件,是公司员工制造零件和检验零件是否合格的重要依据。

一、零件图的内容

一张完整的零件图如图 4-8 所示。

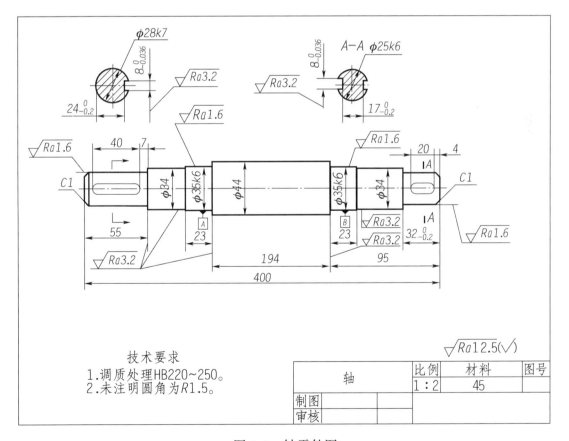

技术要求
1.调质处理HB220~250。
2.未注明圆角为R1.5。

轴		比例	材料	图号
		1:2	45	
制图				
审核				

图 4-8 轴零件图

一张完整的零件图一般包含以下内容。

1.一组图形

用视图、剖视图、断面图及其他规定画法,表达零件的结构和形状。

2.完整的尺寸

确定各部分的大小和位置。

3.技术要求

用规定的代号、符号或文字说明零件在制造、检验和装配过程中应达到的各项技术要求,如表面粗糙度、尺寸公差、形位公差、热处理等各项要求。

4.图框标题栏

说明零件的名称、材料、图号、比例以及图样的责任者签字等。

二、零件图的视图选择

画零件图时,要考虑生产人员看图方便。根据正确、完整、清晰原则,在画零件图之前,首先,要分析零件的结构形状特点,其次要了解零件的工作位置和加工位置;然后,灵活采用基本视图、剖视图和其他各种表达方法,其中,合理地确定主视图是最关键;最后,要注意投影关系正确、比例恰当,并力求所画视图清晰、简便、易懂。

1.主视图的选择

为了便于看零件图,主视图的选择应尽量符合三个原则:①该零件在机器或部件中的工作位置;②该零件的主要加工位置;③在确定主视图的投影方向时,应尽可能反映出零件的主要结构形状特征,如图4-9所示。

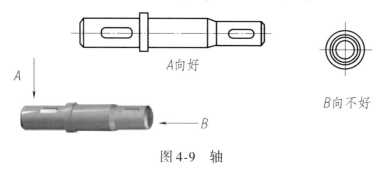

图4-9 轴

2.其他视图的选择

主视图确定后,将主视图未能表达清楚的部位用其他视图进行表达,并在完整、清晰地表达零件结构形状前提下,尽量减少视图的数量,便于画图和看图。

(1)选用其他视图要有明确的表达重点,要优先选用左视图和俯视图,如图 4-10 所示。

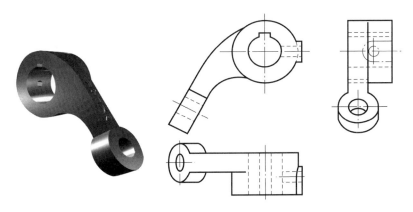

图 4-10 主视图、左视图和俯视图

(2)其他视图的配置应尽量符合投影关系,如图 4-11 所示。

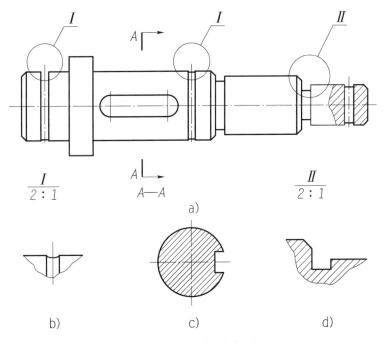

图 4-11 局部放大图

(3)选择图形的比例应以能将绝大部分结构形状表示清楚为原则,个别细小结构(如退刀槽、油沟等)可以采用局部放大图。同时,在布置视图时,要考虑合理地利用图纸幅面。

零件图的尺寸标注

零件图的尺寸标注必须符合国家标准的规定,并且要求标注尺寸应该正确、完整、清晰、合理。合理是指所标注尺寸既符合设计使用要求,又要满足工艺生产要求,应便于零件的加工、测量和检验。

一、零件图的尺寸标注方法

1. 尺寸基准

(1)尺寸基准是指图样中标注尺寸的起点。标注尺寸时,应先确定尺寸基准。尺寸基准一般分为设计基准和工艺基准。

①设计基准:零件设计过程中,为满足零件使用性能,确定零件在机器中的位置、结构所依据的基准。即设计尺寸的起点,通常为点、线、面等要素。

②工艺基准:零件生产制造中定位、装夹和测量时使用的基准。一般有定位点、轴线、平面等。

(2)当工艺基准与设计基准不重合时,零件生产制造将产生误差。生产中应尽量使工艺基准与设计基准重合。设计时应尽量考虑到零件加工工艺和工艺基准。

零件的长、宽、高方向,至少要有一个基准。应合理选择,一般为零件的底面、端面、对称面或主要的轴线等,如图4-12所示。

为了加工测量上的需要,除主要基准外,还可以设辅助基准。如图4-13所示的工艺基准,轴承座顶部凸台上螺孔的深度则是以顶面为辅助基准注出。

2. 标注尺寸

零件图的尺寸较多,一般分为定位尺寸和定形尺寸。

(1)定位尺寸:指零件图中要素间相对位置关系的尺寸。

(2)定形尺寸:指零件图中确定零件形状、大小的尺寸。

尺寸标注的基本步骤如下:

(1)分析零件结构特点,选择各方向或要素的设计基准。

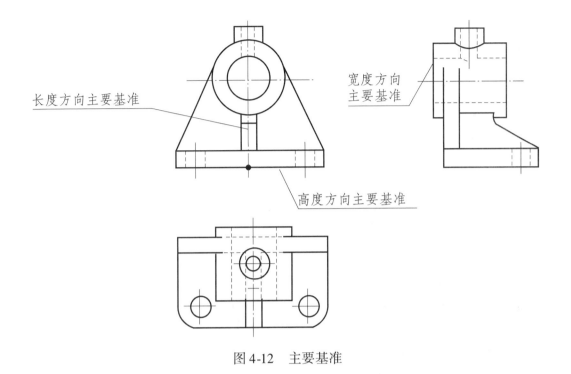

图 4-12　主要基准

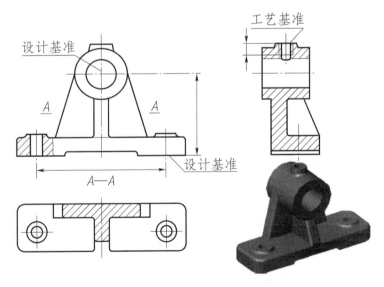

图 4-13　辅助基准

（2）分析形体结构，注意区分主要尺寸和次要尺寸，分清定位尺寸和定形尺寸。

（3）标注尺寸。分析零件图其长、宽、高基本要素和其他形状和位置要素，重要尺寸直接标出，其他尺寸逐一标出，如图 4-14 所示。

主要尺寸是指直接影响零件的工作性能和位置关系的尺寸，如图 4-15 所示，

图4-15a)中,中心高尺寸 a 和安装孔中心距尺寸 l 要直接标注,如标注成图4-15b)上的尺寸 c 和 e 是错误的。

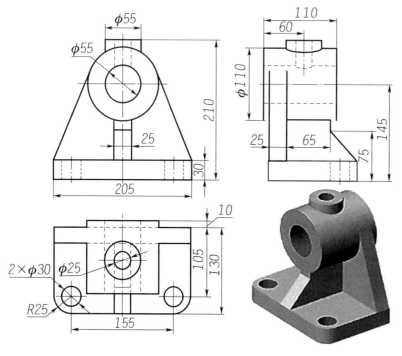

尺寸标注步骤
① 形体分析;
② 选择尺寸基准;
③ 注底板定形尺寸;
④ 注圆筒定形尺寸及
　 定位尺寸;
⑤ 注立板定形尺寸及
　 定位尺寸;
⑥ 注肋板定形尺寸及定
　 位尺寸;
⑦ 注凸台定形尺寸及定
　 位尺寸;
⑧ 底板上两个圆柱孔定
　 形尺寸及定位尺寸以
　 及圆角定形尺寸;
⑨ 检查、调整;
⑩ 完成全图尺寸

图 4-14　尺寸标注

a)正确　　　　　　　　b)错误　　　　　　　c)轴承座直观图

图 4-15　主要尺寸标注

(4)标注尺寸注意事项。

①尺寸标注时要避免注成封闭尺寸(指尺寸线首尾连接,绕成一整圈的一组尺寸)。因这种标注不能保证每一段尺寸的精度,应将其中一段不重要的尺寸空出不标注,如图4-16所示。

②按加工顺序,从工艺基准出发标注尺寸,如图4-17所示。

③标注尺寸,应便于加工和测量,如图4-18所示。

如图4-19a)所示,尺子读数在外面能看到刻度,能读数,便于测量;如图4-19b)所示,尺子在里面看不到刻度,无法读数,不便于测量。

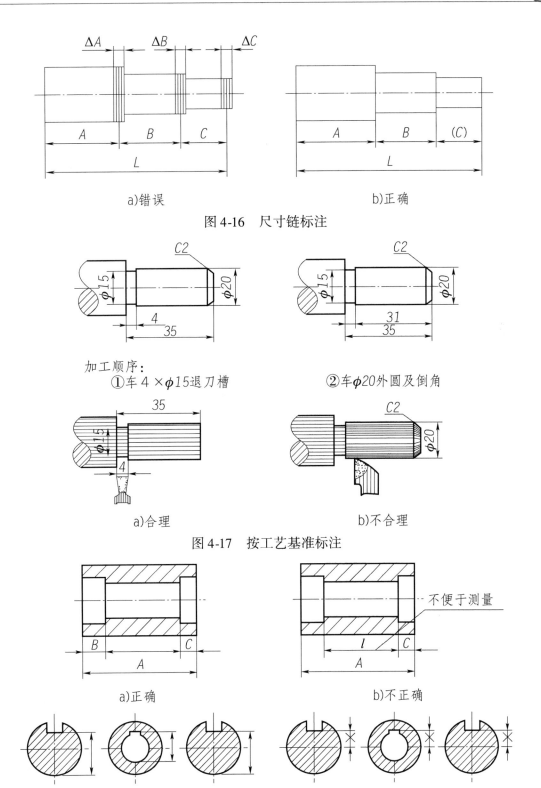

图 4-16 尺寸链标注

a)错误

b)正确

C2

C2

φ15

φ15

φ20

φ20

4

31

35

35

加工顺序:

①车 4 × φ15退刀槽

②车φ20外圆及倒角

35

φ15

φ20

C2

4

a)合理

b)不合理

图 4-17 按工艺基准标注

B C

A

a)正确

不便于测量

l C

A

b)不正确

c)正确

d)不正确

图 4-18 便于加工和测量的标注

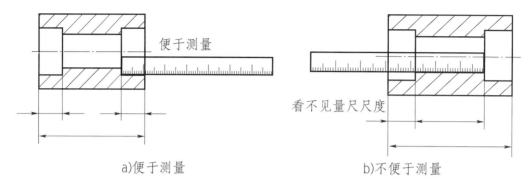

a)便于测量   b)不便于测量

图4-19 零件标注尺寸要便于测量

二、零件上常见结构的尺寸标注

(1)零件上一些常见结构如螺孔、光孔、沉孔等尺寸标注,常采用简化标注,见表4-1。

零件常见孔的尺寸标注 表4-1

零件结构类型		简化标法	一般标法	说明
光孔	一般孔	4×φ5▽10 4×φ5▽10	4×φ5	▽深度符号。 4×φ5 表示直径为 5mm 均布的 4 个光孔,孔深可与孔径连注,也可分别注出
	精加工孔	4×φ5$^{+0.012}_{0}$▽10 孔▽12 4×φ5$^{+0.012}_{0}$▽10 孔▽12	4×φ5$^{+0.012}_{0}$	光孔深为12mm,钻孔后需精加工,精加工深度为10mm
	锥孔	锥销孔φ5 配作 锥销孔φ5 配作	锥销孔φ5 配作	与锥销相配的锥销孔,小端直径为φ5。锥销孔通常是两零件装在一起后加工的
沉孔	锥形沉孔	6×φ7 ⌵φ13×90° 6×φ7 ⌵φ13×90°	90° φ13 6×φ7	⌵埋头孔符号。 6×7 表示直径为7mm 均匀分布的 6 个孔。锥形沉孔可以旁注,也可直接注出

续上表

零件结构 类型		简化标法	一般标法	说明
沉孔	柱形沉注	$4 \times \phi6$ $\sqcup\phi10\overline{\vee}3.5$　$4 \times \phi6$ $\overline{\vee}\phi10\overline{\vee}3.5$	$\phi10$ $4 \times \phi6$ 35	沉孔及锪平孔符号。 柱形沉孔的直径 $\phi10mm$, 深度为 3.5mm,均需标注
	锪平沉孔	$4 \times \phi7$ $\sqcup\phi16$　$4 \times \phi7$ $\sqcup\phi16$	$\phi16\sqcup$ $4 \times \phi17$	锪平面 $\phi16mm$ 的深度不 必标注,一般锪平到不出现 毛面为止
螺孔	通孔	$3 \times M6$　$3 \times M6$	$3 \times M6-6H$	$3 \times M6$ 表示公称直径为 6mm 的两螺孔(中径和顶径 的公差带代号 6H 不注),可 以旁注,也可直接注出
	不通孔	$3 \times M6\overline{\vee}10$ 孔$\overline{\vee}12$ $3 \times M6\overline{\vee}10$ 孔$\overline{\vee}12$	$3 \times M6-6H$ 10 12	一般应分别注出螺纹和 钻孔的深度尺寸(中径和顶 径的公差带代号 6H 不注)

(2)铸造零件的工艺结构。

①铸件各部分的壁厚应尽量均匀,在不同壁厚处应使厚壁和薄壁逐渐过渡,以免在铸造时在冷却过程中产生缩孔。铸件上两表面相交处应做成圆角,铸造圆角的大小一般为 R3~R5,可集中标注在技术要求中。铸件在起模时,为起模顺利,在起模方向上的内、外壁上应有适当的斜度,一般在 3°~5°30′之间,通常在图样上不画出,也不标注,如图4-20所示。

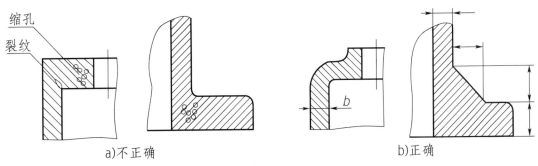

a)不正确　　　　　　　　　　　　　b)正确

图 4-20

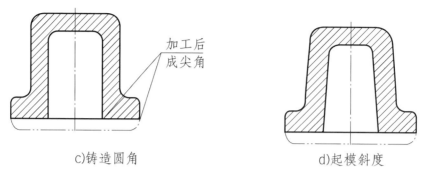

c)铸造圆角　　　　　　　　　　　　d)起模斜度

图4-20　铸件标注

②过渡线。

两个非切削表面相交处,一般均做成圆角过渡,所以两表面的交线画得不明显,这种交线成为过渡线。当过渡线的投影和面的投影重合时,按面的投影绘制;当过渡线的投影和面的投影不重合时,《机械制图　图样画法　视图》(GB/T 4458.1—2002)规定,过渡线用细实线绘制,且不与轮廓线相连,如图4-21、图4-22所示。

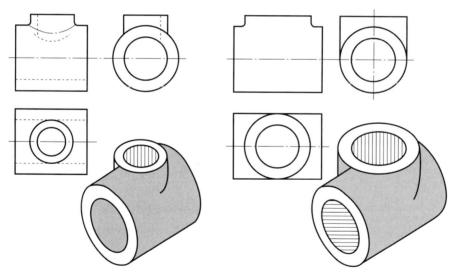

图4-21　过渡线标注(一)

(3)零件机械加工的工艺结构。

①倒角和圆角。

为了在轴肩、孔肩处为了避免应力集中,阶梯轴和孔常以圆角过渡。轴和孔的端面上加工成45°或其他度数的倒角,其目的是便于安装和操作安全。轴、孔的标准倒角和圆角的尺寸可由《零件倒角与圆角》(GB/T 6403.4—2008)查得。

其尺寸标注方法如图 4-23 所示。

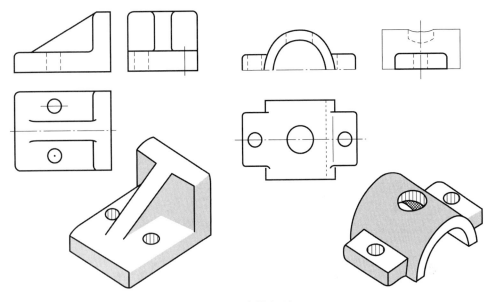

图 4-22 过渡线标注(二)

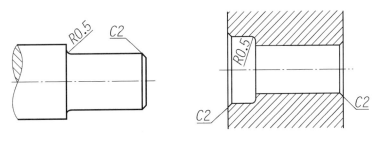

图 4-23 倒角和圆角

②退刀槽和砂轮越程槽。

在加工中,为了使刀具易于退出,常在加工表面的台肩处先加工出退刀槽或越程槽。常见的有螺纹退刀槽、砂轮越程槽等,如图 4-24 所示。

③钻孔结构。

用钻头钻盲孔时,由于钻头顶部有 120°的圆锥面,所以盲孔总有一个 120°的圆锥面,扩孔时也有一个锥角为 120°的圆台面,如图 4-25 所示。此外,钻孔时应尽量使钻头垂直于孔的端面,否则,易将孔钻偏或将钻头折断。

④凸台和凹坑。

为了减少加工表面,使配合面接触良好,常在两接触面处制出凸台和凹坑。其尺寸标注如图 4-26 所示。

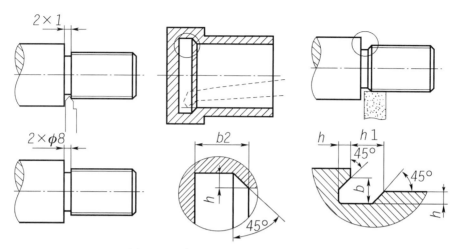

图 4-24　螺纹退刀槽和砂轮越程槽

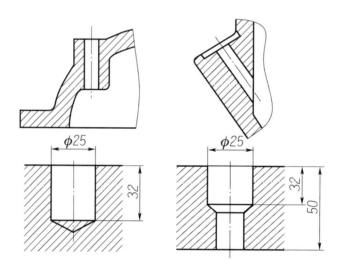

图 4-25　钻孔结构

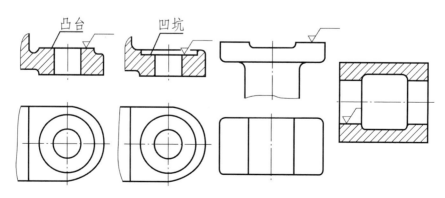

图 4-26　凸台和凹坑标注

 零件图的技术要求

由于零件图是指导零件生产的重要技术文件,因此,它除了有图形和尺寸外,还必须有制造和检验该零件时应该达到的一些质量要求,称为技术要求。

技术要求的主要内容包括表面粗糙度、极限与配合、形状和位置公差等。这些内容凡有规定代号的,需用代号直接标注在图上;无规定代号的,则用文字说明,一般书写在标题栏上方。

一、表面粗糙度

1. 表面粗糙度的概念

表面粗糙度是指加工后零件表面上具有的较小间距和峰谷所组成的微观几何特征,如图4-27所示。

表面粗糙度的评定参数有多种,一般采用轮廓算术平均偏差——Ra,如图4-28所示,表面质量要求越高,Ra值越小,加工成本也越高。

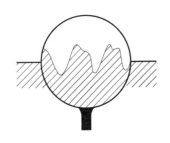

图4-27 表面粗糙度

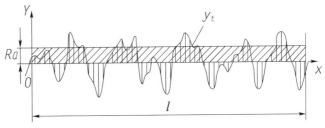

图4-28 轮廓算术平均偏差

2. 表面粗糙度的影响

(1)影响零件摩擦和耐磨性。

(2)影响零件配合性质的稳定性。

(3)影响零件的强度。

(4)影响零件的抗腐蚀性能。

(5)影响零件均衡受力。

(6)影响机械工作精度。

3. 表面粗糙度的符号与代号

(1)表面结构符号画法和含义。

根据《产品几何技术规范(GPS)技术产品文件中表面结构的表示法》(GB/T 131—2006),表面结构的基本符号如图4-29、图4-30、表4-2所示。

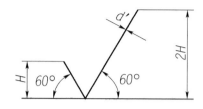

图4-29 表面粗糙度符号画法

注:$d' = \frac{1}{10}h$;$H = 1.4h$;h 为字体的高度(常用7、5、3.5号字,即为字体高度)。

a)允许任何工艺　　　b)去除材料　　　c)不去除材料

图4-30 表面结构完整图形符号

表面粗糙度(表面结构)**符号**　　　　　　　　表4-2

符号	含义
√	**基本图形符号**:仅用于简化代号标注,没有补充说明时不能单独使用
√	**扩展图形符号**:表示用去除材料方法获得的表面,如通过机械加工获得的表面
√	**扩展图形符号**:表示用不去除材料方法获得的表面,如铸、锻、冲压成形、热轧、冷轧、粉末冶金等;也用于保持原有供应状态或上道工序形成的表面(不论是否去除材料获得)
√ √ √	**完整图形符号**:当要求标注表面结构特征的补充信息时,应在原相应符号上加一条横线
√ √ √	在完整图形符号上加一小圆,表示同类型所有表面具有相同的表面粗糙度要求

（2）极限值判断规则。

①16%规则。

16%规则是表面粗糙度轮廓技术要求中的默认规则,若采用,则图样不需要注出。

②最大规则。

在参数符号 Ra 或 Rz 的后面标注"max"的标记。

（3）表面结构代号及含义。

《产品几何技术规范(GPS)技术产品文件中表面结构的表示法》(GB/T 131—2006)规定了表面结构代号及各参数的注写位置,如图4-31所示。

表面结构代号字母的含义如下:

①a:注写第一个表面结构要求。

②b:注写第二个表面结构要求。

③c:注写零件加工方法。

④d:注写零件表面加工纹理和方向。

⑤e:注写所要求的加工余量,单位为 mm。

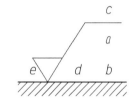

图4-31 表面结构代号

表面结构代号是在其完整图形符号上标注各项参数构成的。在表面结构代号上标注轮廓算术平均偏差 Ra 和轮廓最大高度 Rz 时,其参数值前应标出相应的参数代号"Ra"或"Rz"。参数标注及含义见表4-3。

表面粗糙度(表面结构)代号及含义　　　　　　　表 4-3

代号	含义
$\sqrt{Ra\,6.3}$	允许任何加工方法,轮廓算术平均偏差 Ra 上限值为 6.3μm,5 个取样长度(默认),"16%规则"(默认)
$\sqrt{Ra\,0.8}$	采用去除材料加工方法,轮廓算术平均偏差 Ra 上限值为 0.8μm,5 个取样长度,"16%规则"
$\sqrt{Ra\,25}$	不允许去除材料,轮廓算术平均偏差 Ra 上限值为 25μm,5 个评定取样长度,"16%规则"
$\sqrt{\begin{array}{l}U\,Ra\,3.2\\L\,Ra\,1.6\end{array}}$ $\sqrt{\begin{array}{l}Ra\,3.2\\Ra\,1.6\end{array}}$	采用去除材料方法,轮廓算术平均偏差 Ra 上限值为 3.2μm, Ra 的下限值为 1.6μm,5 个评定取样长度,"16%规则"。在不引起误会的情况下,也可省略标注 U、L

续上表

代号	含义
磨 0.5 $\sqrt{\perp}$ Ra_{max} 3.2	采用去除材料方法,轮廓算术平均偏差 Ra 最大值为 3.2μm,"最大规则",5 个评定取样长度。加工余量 0.5mm,磨削加工,纹理沿垂直方向
$\sqrt{}$ Ra_{max} 3.2 Ra_{min} 1.6	采用去除材料方法,轮廓算术平均偏差 Ra 最大值为 3.2μm,Ra 的最小值为 1.6μm,5 个评定取样长度,"最大规则"
$\sqrt{}$ $-0.8/Ra3$ 3.2	用去除材料方法,轮廓算术平均偏差 Ra 的上限值为 3.2μm,取样长度 0.8mm,评定包含 3 个取样长度,"16% 规则"
$\sqrt{}$ U Ra 3.2 U Rz 1.6	采用去除材料方法,轮廓算术平均偏差 Ra 的上限值为 3.2μm,轮廓最大高度 Rz 的上限值为 1.6μm,5 个评定取样长度,"16% 规则"

(4)机械加工纹理。

国家标准规定了标注的零件表面加工纹理,必要时按国家标准(GB/T 131—2006)标注,见表4-4。

机械加工纹理　　　　　　　　　　　　　　　　　表4-4

符号	图例	说明
=	纹理方向	纹理方向平行于视图所在投影面
⊥	纹理方向	纹理方向垂直于视图所在投影面
X	纹理方向	纹理呈两斜向交叉且与视图所在投影面相交

续上表

符号	图例	说明
M		纹理呈多方向
C		纹理近似为以表面的中心为圆心的同心圆
R		纹理近似为通过表面中心的辐线
P		纹理无方向或呈凸起的细粒状

4. 表面粗糙度的标注

表面粗糙度的标注主要应用在零件图中,标注时应根据视图的投影方向和位置,以及图样的空间大小,尽可能将表面粗糙度代号(结构代号)标注在零件投影的可见轮廓线及其延长线、尺寸指引线、尺寸线和尺寸界线上(图4-32～图4-34),也允许标注在形位公差框格上,如图4-35所示。

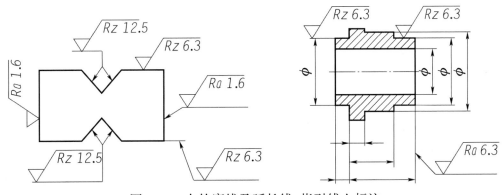

图 4-32　在轮廓线及延长线、指引线上标注

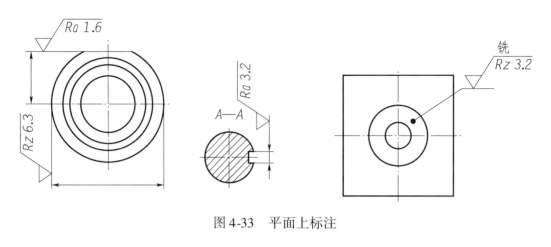

图 4-33 平面上标注

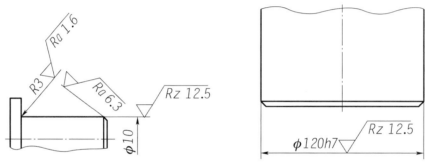

图 4-34 尺寸线上标注

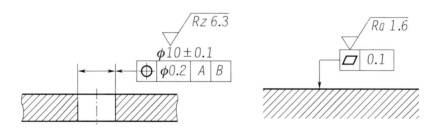

图 4-35 形位公差上标注

若在零件的多数平面有相同的表面粗糙度要求,则其表面粗糙度要求可采用统一简化标注在图样标题栏附近,表面粗糙度结构符号后面还应该用括号标注基本符号,如图 4-36a)所示;或者在括号内标注出其他不同的表面结构要求,如图 4-36b)所示。

只用表面结构符号的简化标注,可用表 4-2 的前三种相应类型简化结构符号,以等式的形式,给出对多个表面共同的表面结构要求,如图 4-37 所示。

还可用带字母的完整符号,以等式的形式,在图形和标题栏附近,对有相同表面结构要求的表面进行简化标注,如图 4-38 所示。

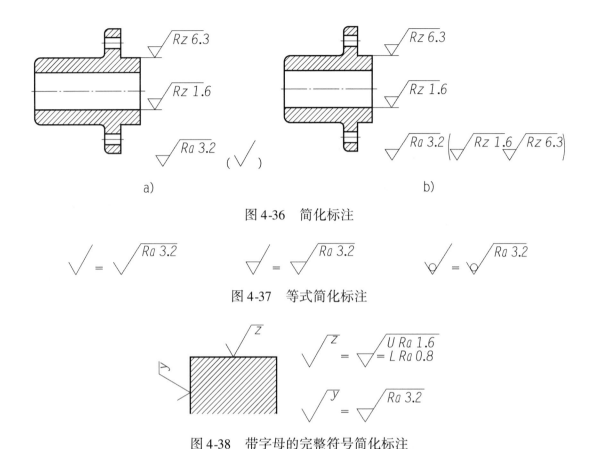

图 4-36　简化标注

图 4-37　等式简化标注

图 4-38　带字母的完整符号简化标注

二、公差与配合

1.公差与配合的基本术语及定义

（1）零件的互换性。

　　零件在批量生产中，一批相同规格的零件，不经挑选或修配便可以直接装配到机器或部件上，并能达到机器或部件性能要求，这一特性称为零件的互换性。如滚动轴承，相同规格型号的滚动轴承，无论是哪一家企业生产的，不需选配就能安装到与之配合的孔中。零件规格尺寸和功能上的一致性和替代性，即为零件所具有的互换性。

　　零件具有互换性有利于组织协作和专业化生产，对保证产品质量、降低成本及方便装配、维修都具有十分重要意义。因此，在现代工业化的大批、大量生产中，标准件、通用件都具有零件的互换性。

　　（2）尺寸。

　　尺寸是指用特定单位表示长度大小的数值。长度包括直径、半径、宽度、深度、高度和中心距等。尺寸由数值和特定单位两部分组成。如 30 毫米(mm)、50 微米(μm)等。

(3)公称尺寸。

设计给定的尺寸称为公称尺寸。一般为符合标准的尺寸系列。

孔的公称尺寸用"D"表示,轴的公称尺寸用"d"表示。例如:孔的直径为 $\phi 32$ 可表示为 $D = 32\text{mm}$;轴的直径为 $\phi 35$ 可表示 $d = 35\text{mm}$。

(4)实际尺寸。

通过测量获得的尺寸称为实际尺寸。由于测量误差是客观存在的,所以实际尺寸不是尺寸真值。

(5)尺寸公差。

尺寸公差是指允许尺寸的变动量,简称公差。公差等于上极限尺寸减下极限尺寸之差,或上极限偏差减下极限偏差之差,如图 4-39 所示。

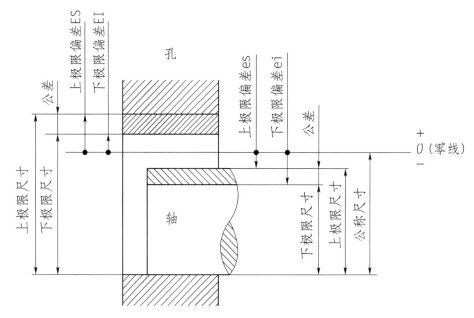

图 4-39　极限与配合示意图

为了保证零件的互换性,必须控制零件的尺寸。由于零件加工、测量存在误差,不可能把零件的尺寸做得绝对准确,因此,在满足工作要求的条件下,允许零件尺寸有一个规定的变动范围,这一允许变动量被称为尺寸公差。

孔和轴的公差分别以 T_h 和 T_s 表示。

(6)极限尺寸。

允许的尺寸变化的两个界限值,称为极限尺寸。两者中尺寸较大的称为上

极限尺寸,尺寸较小的称为下极限尺寸。孔和轴的上、下极限尺寸分别用 D_{max}、D_{min} 和 d_{max}、d_{min} 表示。

上极限尺寸 – 下极限尺寸 = 尺寸公差。

（7）偏差。

偏差是某一尺寸(如极限尺寸或实际尺寸)减去公称尺寸所得的代数差。

①上极限偏差:上极限尺寸减去公称尺寸所得的代数差。孔和轴的上极限偏差分别用符号 ES、es 表示。

②下极限偏差:下极限尺寸减去公称尺寸所得的代数差。孔和轴的下极限偏差分别用符号 EI、ei 表示。

③实际偏差:实际尺寸减去公称尺寸的代数差。

偏差可能是正、负或零,书写或标注时正、负号或零都要标注。

偏差的标注:上极限偏差标在公称尺寸右上角,下极限偏差标在公称尺寸右下角。

（8）零线。

零线是代表公称尺寸的一条直线。以零线为基准确定尺寸的偏差和公差。正偏差位于零线的上方,负偏差位于零线的下方,偏差为零时与零线重合。

（9）基本偏差。

国家标准采用基本偏差来确定公差带相对于零线的位置。国家标准对孔和轴各规定了 28 个基本偏差代号,如图 4-40 所示。这些代号分别用拉丁字母表示,大写字母代表孔,小写字母代表轴,基本偏差是两个极限偏差(上极限偏差或下极限偏差)中靠近零线的那个极限偏差。

（10）公差带。

公差带是指由代表上极限偏差和下极限偏差的两条直线所限定的区域,如图 4-41 所示。公差带包含两个要素,即公差带的大小和位置。公差带的大小由公差值确定,公差带位置由基本偏差决定。

（11）公差的换算公式 。

上极限偏差:孔 $ES = D_{max} - D$,轴 $es = d_{max} - d$;

下极限偏差:$EI = D_{min} - D$,$ei = d_{min} - d$;

孔的公差:$T_h = |D_{max} - D_{min}| = |ES - EI|$;

轴的公差:$T_s = |d_{max} - d_{min}| = |es - ei|$ 。

例如:孔 $\phi 60^{+0.05}_{-0.02}$。上极限尺寸 $D_{max} = 60.05mm$,下极限尺寸 $D_{min} = 59.98mm$,上极限偏差 $ES = +0.05mm$,下极限偏差 $EI = -0.02$ mm,公差 $T_h = +0.05 - (-0.02) = +0.07(mm)$。

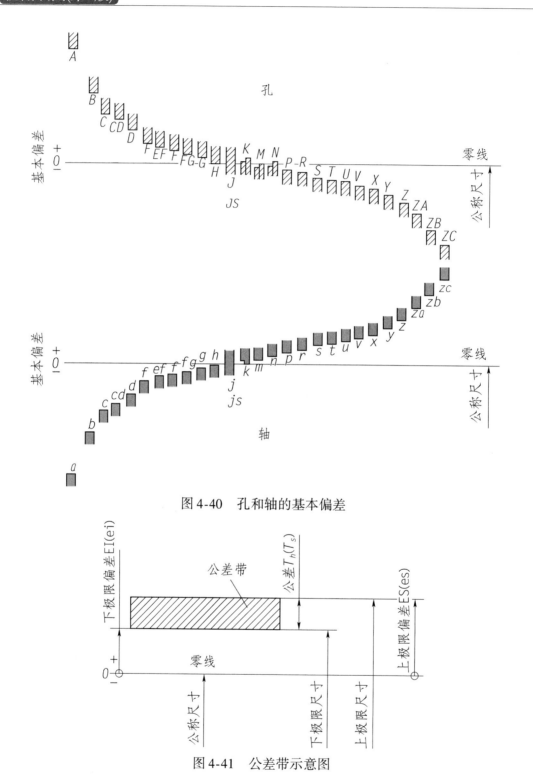

图 4-40 孔和轴的基本偏差

图 4-41 公差带示意图

(12)配合。

公称尺寸相同的相互结合的孔和轴公差带之间的关系称为配合,如图 4-42

所示。根据相配合的孔和轴之间配合的松紧程度不同,国家标准将配合分为间隙配合、过盈配合和过渡配合三种。

图 4-42 相互配合的孔与轴

①间隙配合。

相互配合的孔与轴之间具有间隙(包括最小间隙为零)的配合,称为间隙配合。

a. 公差带位置:孔的公差带在轴的公差带之上,如图 4-43 所示。

b. 配合间隙(X):

最大间隙:$X_{max} = D_{max} - d_{min} = ES - ei$;

最小间隙:$X_{max} = D_{min} - d_{max} = EI - es$;

平均间隙:$X_{AV} = (X_{max} + X_{min})/2$。

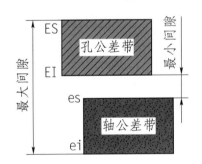 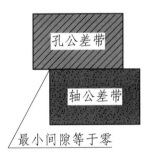 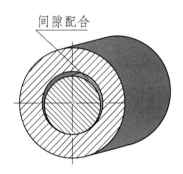

图 4-43 间隙配合公差带相对位置

②过盈配合。

相互配合的孔与轴之间具有过盈(包括最小过盈等于零)的配合,称为过盈配合。

a. 差带位置:孔的公差带在轴的公差带之下,如图 4-44 所示。

b. 配合过盈(Y):

最大过盈:$Y_{max} = D_{min} - d_{max} = EI - es$;

最小过盈:$Y_{min} = D_{max} - d_{min} = ES - ei$;

平均过盈:$Y_{AV} = (Y_{max} + Y_{min})/2$。

③过渡配合。

相互配合的孔与轴之间可能具有间隙或过盈的配合称为过渡配合。

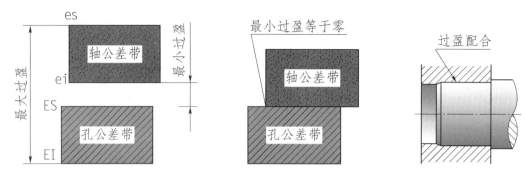

图 4-44　过盈配合公差带相对位置

a. 公差带位置:孔、轴的公差带一部分互相重合,如图 4-45 所示。

b. 配合间隙或过盈(X,Y):

最大间隙:$X_{max} = D_{max} - d_{min} = ES - ei$;

最大过盈:$Y_{max} = D_{min} - d_{max} = EI - es$;

平均间隙:X_{AV} 或平均过盈,$Y_{AV} = (X_{max} + Y_{max})/2$。

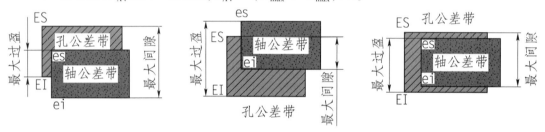

图 4-45　过渡配合公差带相对位置

(13) 配合公差(T_f)。

允许配合间隙或过盈的变动量称为配合公差。配合公差的大小为极限间隙或极限过盈之代数差的绝对值。

2. 标准公差系列

(1) 标准公差。

根据《产品几何技术规范(GPS)线性尺寸公差 ISO 代号体系　第 2 部分:标准公差代号和孔、轴的极限偏差表》(GB/T 1800.2—2020) 标准公差是指国家标准极限与配合制中所规定的公差。字母 IT 表示国家标准公差,IT 后边的数字表示公差等级。标准公差确定了公差带的大小。

国家标准将标准公差分为 20 个公差等级,用 IT 和阿拉伯数字组成的代号表示。按顺序为 IT01、IT0、IT1 ~ IT18。等级依次降低,标准公差值依次增大。标准公差系列是由不同公差等级和不同公称尺寸的标准公差构成的。公差数值是根据标准公差数值、公差等级系数和公称尺寸分段经计算后得到的,见表 4-5。

标准公差数值表

表4-5

公称尺寸（mm）		标准公差等级																			
大于	至	IT01	IT0	IT1	IT2	IT3	IT4	IT5	IT6	IT7	IT8	IT9	IT10	IT11	IT12	IT13	IT14	IT15	IT16	IT17	IT18
		μm													mm						
—	3	0.3	0.5	0.8	1.2	2	3	4	6	10	14	25	40	60	0.1	0.14	0.25	0.40	0.60	1.0	1.4
3	6	0.4	0.6	1	1.5	2.5	4	5	8	12	18	30	48	75	0.12	0.18	0.30	0.48	0.75	1.2	1.8
6	10	0.4	0.6	1	1.5	2.5	4	6	9	15	22	36	58	90	0.15	0.22	0.36	0.58	0.90	1.5	2.2
10	18	0.5	0.8	1.2	2	3	5	8	11	18	27	43	70	110	0.18	0.27	0.43	0.70	1.10	1.8	2.7
18	30	0.6	1	1.5	2.5	4	6	9	13	21	33	52	84	130	0.21	0.33	0.52	0.84	1.30	2.1	3.3
30	50	0.6	1	1.5	2.5	4	7	11	16	25	39	62	100	160	0.25	0.39	0.62	1.00	1.60	2.5	3.9
50	80	0.8	1.2	2	3	5	8	13	19	30	46	74	120	190	0.30	0.46	0.74	1.20	1.90	3.0	4.6
80	120	1	1.5	2.5	4	6	10	15	22	35	54	87	140	220	0.35	0.54	0.87	1.40	2.20	3.5	5.4
120	180	1.2	2	3.5	5	8	12	18	25	40	63	100	160	250	0.40	0.63	1.00	1.60	2.50	4.0	6.3
180	250	2	3	4.5	7	10	14	20	29	46	72	115	185	290	0.46	0.72	1.15	1.85	2.90	4.6	7.2
250	315	2.5	4	6	8	12	16	23	32	52	81	130	210	320	0.52	0.81	1.30	2.10	3.20	5.2	8.1
315	400	3	5	7	9	13	18	25	36	57	89	140	230	360	0.57	0.89	1.40	2.30	3.60	5.7	8.9
400	500	4	6	8	10	15	20	27	40	63	97	155	250	400	0.63	0.97	1.55	2.50	4.00	6.3	9.7

（2）公差等级的选择。

公差等级的选择原则为综合考虑机械零件的使用性能和经济性能两个方面的因素,在满足使用要求的条件下,尽量选取低的公差等级。

选用公差等级时一般情况下采用类比的方法,即参考同类或相似产品的公差等级,结合待定零件的要求、工艺和结构等特点,经分析对比后确定公差等级。用类比法选择公差等级时,应掌握各公差等级的应用范围,以便类比选择时有所依据。公差等级的应用见表4-6。

公差等级的应用

表4-6

公差等级	主要应用实例
IT01 ~ IT1	一般用于精密标准量块。IT1 也用于检验 IT6 和 IT7 级轴用量规的校对量规
IT2 ~ IT7	用于检验工作 IT5 ~ IT16 的量规的尺寸公差
IT3 ~ IT5 （孔为 IT6）	用于精度要求很高的重要配合。例如机床主轴与精密滚动轴承的配合、发动机活塞销与连杆孔和活塞孔的配合。 配合公差很小,对加工要求很高,应用较少
IT6 （孔为 IT7）	用于机床、发动机和仪表中的重要场合。例如机床传动机构中的齿轮与轴的配合,轴与轴承的配合,发动机中活塞与汽缸的配合,曲轴与轴承、气阀杆与导套的配合等。 配合公差较小,一般机密加工能够实现,在精密机械中广泛应用
IT7,IT8	用于机床和发动机中不太重要的配合,也用于重型机械、农业机械、纺织机械,机车车辆等重要配合。例如机床上操纵杆的支承配合、发动机活塞环与活塞环槽的配合、农业机械中齿轮与轴的配合等
IT9,IT10	用于一般要求或长度精度要求较高的配合,某些非配合尺寸的特殊要求。例如飞机机身的外部尺寸,由于质量限制,要求达到 IT9 或 IT10
IT11,IT12	多用于各种没有严格要求,只要求便于连接的配合。例如螺栓和螺孔、铆钉和孔的配合
IT12 ~ IT18	用于非配合尺寸和粗加工的工序尺寸上。例如手柄的直径、壳体的外形和壁厚尺寸,以及端面之间的距离等

各种机械加工方法所能达到的机械精度见表4-7。

各种机械加工方法的加工精度 表4-7

加工方法	公差等级																			
	01	0	1	2	3	4	5	6	7	8	9	10	11	12	13	14	15	16	17	18
研磨	━	━	━	━	━	━	━													
珩磨						━	━	━	━											
圆磨							━	━	━	━										
平磨							━	━	━	━										
金刚石车							━	━	━											
金刚石镗							━	━	━											
拉削							━	━	━	━										
铰孔								━	━	━	━									
精车精镗									━	━	━									
粗车												━	━	━	━					
粗镗												━	━	━	━					
铣												━	━	━	━					
刨、插												━	━	━	━					
钻削												━	━	━	━					
冲压												━	━	━	━	━				
滚压、挤压												━	━	━						
锻造																	━	━		
砂型铸造																━	━	━		
金属型铸造																━	━	━		
气割																		━	━	━

3. 配合制

国家标准规定了孔和轴的28种基本偏差和20个公差等级,可以形成多种配合。为了缩减、规范配合,便于生产中应用刀具、量具以及生产和检验,保证产品质量,因而制定配合制度。国家标准规定了两种配合制,即基孔制和基轴制。

(1)基孔制。

基孔制是基本偏差为一定的孔的公差带,与不同基本偏差的轴的公差带形成各种配合的一种制度。基孔制的孔为基准孔,其下极限偏差为零,基本偏差代号为 H,下偏差为零。当与基本偏差代号在 a～h 之间的轴配合时,可获得间隙配合;当与基本偏差代号在 j～n 之间的轴配合时,可获得过渡配合;当与基本偏差代号在 p～zc 之间的轴配合时,可获得过盈配合。

（2）基轴制。

基轴制是基本偏差为一定的轴的公差带,与不同基本偏差的孔的公差带形成各种配合的一种制度。基轴制的轴为基准轴,其上极限偏差为零,基本偏差代号为 h,上偏差为零。当与基本偏差代号在 A～H 之间的轴配合时,可获得间隙配合;当与基本偏差代号在 J～N 之间的轴配合时,可获得过渡配合;当与基本偏差代号在 P～ZC 之间的轴配合时,可获得过盈配合。

因为相对而言,轴比相同精度的孔更容易加工,也更容易保证加工精度,所以往往优先采用基孔制,以孔为基准,再加工轴与之配合。如键与键槽配合采用基孔制、滚动轴承的内圈与轴配合采用基孔制。但遇到一些特殊的结构情况,如轴类零件为标准件时,应采用基轴制。比如滚动轴承的外圈与孔配合采用基轴制,如图 4-46 所示。

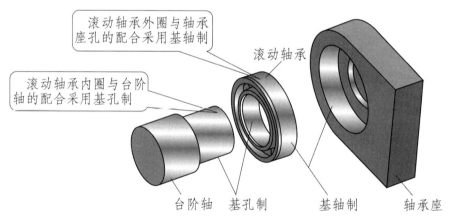

图 4-46　滚动轴承的配合

4. 常用配合与优选配合

根据生产实际及公差与配合应用情况,我国对众多配合进行系列化、标准化规范,制定了公差与配合国家标准。在公称尺寸至 500mm 范围内,对基孔制规定了 59 种常用配合,对基轴制规定了 47 种常用配合。这些配合分别由轴、孔的常用公差带和基准孔、基准轴的公差带组合而成。在常用配合中又对基孔制、基轴制各规定了 13 种优先配合,优先配合分别由轴、孔的优先公差带与基准孔和基准轴的公差带组合而成,见表 4-8。

基孔制的常用配合和优选配合　　　　　　　　　　　　　表 4-8

基准孔	轴 a	b	c	d	e	f	g	h	js	k	m	n	p	r	s	t	u	v	x	y	z
	间隙配合								过渡配合			过盈配合									
H6						$\frac{H6}{f5}$	$\frac{H6}{g5}$	$\frac{H6}{h5}$	$\frac{H6}{js5}$	$\frac{H6}{k5}$	$\frac{H6}{m5}$	$\frac{H6}{n5}$	$\frac{H6}{p5}$	$\frac{H6}{r5}$	$\frac{H6}{s5}$	$\frac{H6}{t5}$					
H7						$\frac{H7}{f6}$	▼$\frac{H7}{g6}$	▼$\frac{H7}{h6}$	$\frac{H7}{js6}$	▼$\frac{H7}{k6}$	$\frac{H7}{m6}$	▼$\frac{H7}{n6}$	▼$\frac{H7}{p6}$	$\frac{H7}{r6}$	▼$\frac{H7}{s6}$	$\frac{H7}{t6}$	▼$\frac{H7}{u6}$	$\frac{H7}{v6}$	$\frac{H7}{x6}$	$\frac{H7}{y6}$	$\frac{H7}{z6}$
H8					$\frac{H8}{e7}$	▼$\frac{H8}{f7}$	$\frac{H8}{g7}$	▼$\frac{H8}{h7}$	$\frac{H8}{js7}$	$\frac{H8}{k7}$	$\frac{H8}{m7}$	$\frac{H8}{n7}$	$\frac{H8}{p7}$	$\frac{H8}{r7}$	$\frac{H8}{s7}$	$\frac{H8}{t7}$	$\frac{H8}{u7}$				
				$\frac{H8}{d8}$	$\frac{H8}{e8}$	$\frac{H8}{f8}$		$\frac{H8}{h8}$													
H9			$\frac{H9}{c9}$	▼$\frac{H9}{d9}$	$\frac{H9}{e9}$	$\frac{H9}{f9}$		▼$\frac{H9}{h9}$													
H10			$\frac{H10}{c10}$	$\frac{H10}{d10}$				$\frac{H10}{h10}$													
H11	$\frac{H11}{a11}$	$\frac{H11}{b11}$	▼$\frac{H11}{c11}$	$\frac{H11}{d11}$				▼$\frac{H11}{h11}$													
H12		$\frac{H12}{b12}$						$\frac{H12}{h12}$													

注:1. 注有▼符号的配合为优先配合。

　　2. H6/n5、H7/p6 在公称尺寸小于或等于 3mm 和 H8/f7 在公称尺寸小于或等于 100mm 时,为过渡配合。

5. 尺寸公差的标注

尺寸公差的标注分为零件图上的尺寸公差标注和装配图上尺寸公差标注。

(1)零件图上尺寸公差标注。

零件图上尺寸公差标注分为三种形式。

①公称尺寸的后面用公差带代号标注,如图 4-47 所示。

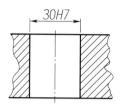

图 4-47　公差带代号标注

②公称尺寸的后面用极限偏差标注,如图 4-48 所示。

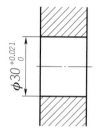
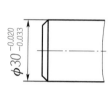

图 4-48　极限偏差标注

③公称尺寸的后面用公差带代号和相应的极限偏差标注,如图 4-49 所示。

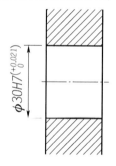
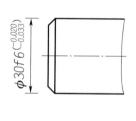

图 4-49　公差带代号加极限偏差标注

(2)装配图上的标注形式。

装配图上有配合要求的两零件采用孔和轴的公差带代号组合标注法:在公称尺寸后面用分式表示,分子为孔的公差代号,分母为轴的公差代号,如图 4-50 所示。

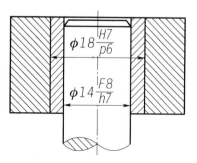
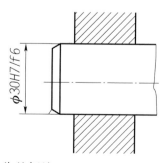

图 4-50　装配图配合公差标注

6.形位公差及标注

（1）形位公差的定义。

形状和位置公差简称形位公差,也称为几何公差。

形位公差是指零件的实际形状和实际位置对理想形状和理想位置所允许的最大变动量。

（2）基本术语。

①要素:指构成零件几何特征的点、线、面。

②理想要素:具有理论上几何意义的要素。

③实际要素:零件上实际存在的要素。

④基准要素:用来确定被测要素方向和位置的要素,简称基准。

⑤被测要素:图样中有形状公差、位置公差要求的要素。

⑥轮廓要素:由一个或几个表面形成的要素。

⑦中心要素:零件的对称中心、回转中心、轴线等点、线、面要素。如中心线、轴线、对称中心平面等要素。

⑧公差带:限制实际形状要素或位置要素的变动区域。

（3）形位公差的项目、名称及代号。

《产品几何技术规范（GPS）几何公差　形状、方向、位置和跳动公差标注》（GB/T 1182—2018）规定:形位公差代号由形位公差特征项目符号、形位公差框格及指引线、形位公差数值、基准符号和其他有关符号等组成,如图4-51a)所示。基准符号由标注字母的基准方格用一线段与一个空白或涂黑的三角形相连以表示基准,如图4-51b)所示。

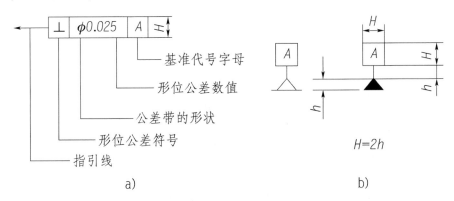

图 4-51　形位公差及基准代号

形位公差分为形状公差和位置公差两大类。形位公差共14项,其中形状公差6项,位置公差8项,见表4-9。

几何公差项目、名称及符号

表 4-9

公差		特征项目	符号	基准要求
形状公差	形状	直线度	—	无
		平面度	▱	无
		圆度	○	无
		圆柱度	⌀	无
		线轮廓度	⌒	有或无
		面轮廓度	⌓	有或无
位置公差	方向	平行度	//	有
		垂直度	⊥	有
		倾斜度	∠	有
	定位	位置度	⊕	有或无
		同轴(同心)度	◎	有
		对称度	＝	有
	跳动	圆跳动	↗	有
		全跳动	↗↗	有

(4)形位公差带及意义。

①形状公差。

形状公差是单一实际要素的形状所允许的变动量。形状公差带是限制单一实际要素变动的一个区域。形状公差带的特点是不涉及基准,它的方向和位置均为浮动的,只能控制被测要素形状误差的大小。其中,线轮廓要素和面轮廓要素具有双重性。无基准要求时,为形状公差;有基准要求时,为位置公差。

形位公差带的图例及意义见表 4-10。

形状公差带图例及意义(单位:mm)

表 4-10

项目	标注示例及读图说明	公差带定义	公差意义
直线度	被测要素:表面素线;读法:上表面内任意直线的直线度公差为 0.1	在给定平面内,公差带是距离为公差值 t 的两平行直线之间的区域	被测表面的素线必须位于平行于图样所示投影面且距离为公差值 0.1 的两平行直线内

续上表

项目	标注示例及读图说明	公差带定义	公差意义
直线度	被测要素:圆柱体的轴线; 读法:圆柱体的轴线的直线度公差为 $\phi0.08$	在任意方向上,公差带是直径为 ϕt 圆柱面内的区域	被测圆柱体 ϕd 的轴线必须位于直径为公差值 $\phi0.08$ 圆柱面内
平面度	被测要素:上表面; 读法:上表面的平面度公差为 0.06	公差带是距离为公差值 t 的两平行平面之间的区域	被测上表面必须位于距离为公差值 0.06 的两平行平面内
圆度	被测要素:圆柱(圆锥)正截面内的轮廓圆; 读法:圆柱(圆锥)任一正截面的圆度公差为 0.02	公差带是正截面内半径差为公差值 t 的两同心圆之间的区域	被测回转体的正截面内的轮廓圆必须位于半径差为公差值 0.02 的两同心圆之间的环形区域内
圆柱度	被测要素:圆柱面; 读法:圆柱面的公差为 0.05	公差带是半径差为公差值 t 的两同轴圆柱面之间的区域	被测圆柱面必须位于半径差为公差值 0.05 的两同轴圆柱面之间的区域内
线轮廓度	被测要素:轮廓曲线; 基准要素:无(形状公差); 读法:曲线的线轮廓度公差为 0.04	公差带是包络一系列直径为公差值 t 的小圆的两包络线之间区域,诸圆的圆心应位于理想轮廓线上(注:带方框的尺寸称为"理论正确尺寸",用来测定被测要素的理想形状、方向和位置,该尺寸不附带公差)	在平行图样所示投影面的任一截面上,被测轮廓曲线必须位于包络一系列直径为公差值 0.04,且圆心位于具有理论正确几何形状的线上的圆的两包络线之间区域内

续上表

项目	标注示例及读图说明	公差带定义	公差意义
面轮廓度	被测要素:轮廓曲面; 基准要素:无(形状公差) 读法:所指轮廓曲面的面轮廓度公差为0.02	公差带是包络一系列直径为公差值 t 的小球的两包络面之间区域,诸球的球心应位于理想轮廓面上	被测轮廓曲面必须位于包络一系列直径为公差值0.02,且球心位于具有理论正确几何形状的面上的球的两包络面之间区域内

②位置公差。

位置公差是指关联实际要素的位置对基准所允许的变动量。根据关联要素对基准功能要求不同,位置公差又分为方向公差、定位公差和跳动公差。

位置公差带的图例及意义见表4-11。

位置公差带图例及意义(单位:mm)　　　　　　　表4-11

项目		标注示例及读图说明	公差带定义	公差带意义
方向公差	平行度	被测要素:上表面; 基准要素:底平面; 读法:上表面相对于底平面的平行度公差为0.05	公差带是距离为公差值 t 且平行于基准面的两平行平面之间的区域	被测表面必须位于距离为公差值0.05,且平行于基准面 A 的两平行平面之间
	垂直度	被测要素:右侧平面; 基准要素:底面; 读法:右侧平面相对于底面的垂直度公差为0.05	公差带是距离为公差值 t 且垂直于基准面的两平行平面之间的区域	右侧平面必须位于距离为公差值0.05,且垂直于基准平面 A 的两平行平面之间

续上表

项目		标注示例及读图说明	公差带定义	公差带意义
方向公差	倾斜度	被测要素:斜面; 基准要素:轴线; 读法:被测斜面相对于 ϕd 轴线的倾斜度公差为 0.1	基准线 公差带是距离为公差值 t 且与基准轴线成给定的理论正确角度的两平行平面之间的区域	被测斜面必须位于距离为公差值 0.1,且与基准轴线 A 成理论正确角度 75° 的两平行平面之间的区域
定位公差	同轴度	被测要素:ϕd 圆柱面的轴线; 基准要素:公共轴线 $A—B$; 读法:被测轴线相对于基准轴线的同轴度公差为 $\phi 0.1$	基准轴线 公差带是直径为公差值 ϕt 的圆柱面的区域,该圆柱面的轴线与基准轴线同轴	被测轴线必须位于直径为 $\phi 0.1$,且与公共基准轴线 $A—B$ 同轴的圆柱面内
	对称度	被测要素:槽的对称中心平面; 基准要素:中心平面 A; 读法:被测中心平面相对于基准中心平面的对称度公差为 0.08	基准中心平面 公差带是距离为公差值 t,且相对基准中心平面对称配置的两平行平面之间的区域	被测中心平面必须位于距离为公差值 0.08,且相对基准中心平面 A 对称配置的两平行平面之间

续上表

项目		标注示例及读图说明	公差带定义	公差带意义
定位公差	位置度	$4 \times \phi 0$ $\boxed{\oplus\ \phi0.1\ A\ B\ C}$ 被测要素:ϕD 孔的轴线; 基准要素:基准面 A、B、C; 读法:被测轴线相对于基准面 A、B、C 的位置度公差为 $\phi 0.1$	公差带是直径为公差值 ϕt 的圆柱面内的区域,公差带轴线的位置由相对于三基准面体系的理论正确尺寸确定	每个被测轴线必须位于直径为公差值 0.1,且以相对于 A、B、C 基准表面所确定的理想位置为轴线的圆柱内
圆跳动公差	径向圆跳动	$\boxed{\nearrow\ 0.05\ A}$ 被测要素:圆柱面; 基准要素:ϕd_1 轴线; 读法:被测圆柱面相对于基准轴线的圆跳动公差为 0.05	公差带是在垂直于基准轴线的任一测量平面内半径为公差值 t,且圆心在基准轴线上的两个同心圆之间的区域	当被测要素围绕基准线 A 作无轴向移动旋转一周时,在任一测量平面内的径向圆跳动量均不得大于 0.05
	端面圆跳动	$\boxed{\nearrow\ 0.06\ A}$ 被测要素:端面; 基准要素:轴线; 读法:被测端面相对于基准轴线的圆跳动公差为 0.06	公差带是在与基准同轴的任一半径位置的测量圆柱面上距离为 t 的圆柱面区域	被测面绕基准线 A 作无轴向移动旋转一周时,在任一测量圆柱面内的轴向跳动量均不得大于 0.06

续上表

项目	标注示例及读图说明	公差带定义	公差带意义
全跳动公差	**径向全跳动** 被测要素:圆柱面; 基准要素:ϕd_1 与 ϕd_2 的公共轴线; 读法:被测圆柱面相对于基准轴线的全跳动公差为0.2	公差带是半径差为公差值 t,且与基准同轴的两圆柱面之间的区域	被测要素围绕基准线 A—B 做若干次旋转,并在测量仪器与工件之间同时做轴向移动,此时在被测要素上各点间的误差均不得大于0.2,测量仪器或工件必须沿着基准轴线方向并相对于公共基准轴线 A—B 移动
	端面全跳动 被测要素:端面; 基准要素:ϕd 轴线; 读法:被测端面相对于基准轴线的全跳动公差为0.05	公差带是距离为公差值 t,且与基准垂直的两平行平面之间的区域	被测要素绕基准轴线 A 作若干次旋转,并在测量仪器与工件之间同时做径向移动,此时在被测要素上各点间的误差均不得大于0.05,测量仪器或工件必须沿着轮廓具有理想正确形状的线和相对于基准轴线 A 的正确方向移动

③形位公差的标注。

根据国家标准规定,当被测要素或基准是轮廓要素(表面或素线)时,从框格引出的指引线箭头或基准,应指在该要素的轮廓线或其延长线上,箭头的方向一般垂直于被测要素,箭头或基准明显错开尺寸线,如图4-52、图4-53 所示。当被测要素或基准要素为中心要素(包括点、轴线、对称中心线和中心平面等)时,应将指引线箭头或基准符号与该要素的尺寸线对齐,如图4-54 所示。

④形位公差的表达与识读。

在图样中,形位公差是用框格的形式来表达的。

【例4-1】 形位公差标注示例,如图4-55 所示。

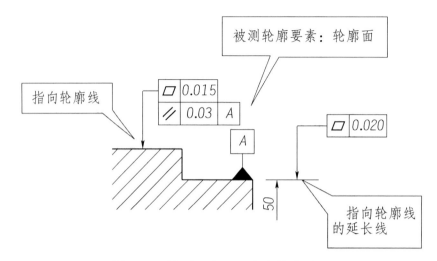

图 4-52　被测要素和基准为轮廓平面

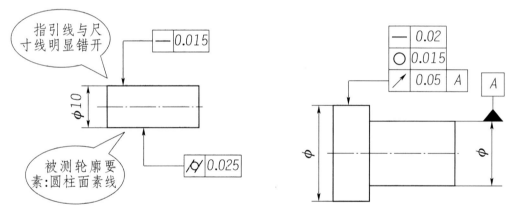

图 4-53　被测要素为轮廓要素(圆柱面)

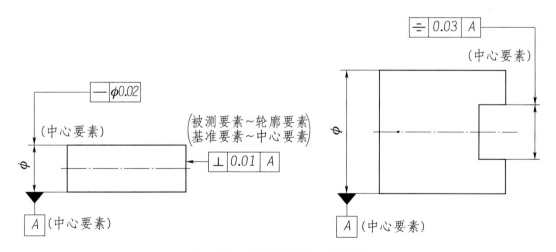

图 4-54　被测要素与中心要素

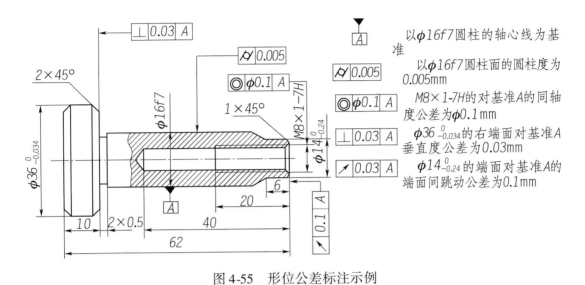

以φ16f7圆柱的轴心线为基准

以φ16f7圆柱面的圆柱度为0.005mm

M8×1-7H的对基准A的同轴度公差为φ0.1mm

$\phi36_{-0.034}^{0}$的右端面对基准A垂直度公差为0.03mm

$\phi14_{-0.24}^{0}$的端面对基准A的端面间跳动公差为0.1mm

图4-55 形位公差标注示例

三、识读典型零件图

零件图是制造和检验零件的依据。识读零件图的目的是弄清零件的结构形状、尺寸和技术要求,能够按零件图生产加工符合零件规定质量标准的零件。

按结构形状的特点,零件可分为轴套类、轮盘类、叉架类、箱体类四类。识读零件图的一般步骤是:看标题栏,了解零件概况,包括零件的种类、名称、材料、绘图比例、数量等;看视图,了解零件结构、形状;看尺寸,确定尺寸基准,明确各部分的大小;看技术要求,分析零件的表面粗糙度、尺寸公差、形位公差和其他技术要求。

1.轴套类零件

汽车上水泵轴、半轴、变速器轴、连杆衬套等属轴套类零件。图4-56所示为汽车水泵零件图。

识读方法与步骤如下:

①读标题栏:从标题栏可知,汽车水泵轴按1:1绘制,材料为40MnB。

②读视图,分析结构形状:主视图按加工位置将汽车水泵轴水平放置。由于该零件由回转体、键槽和平面构成,因此,采用主视图、断面图、局部放大视图和B向视图。

③读尺寸标注:汽车水泵轴以水平轴线作为径向尺寸基准(也是高度与宽度方向尺寸基准),以右端面作为汽车水泵轴轴向(也是长度方向)的主要基准。

④了解技术要求:汽车水泵轴径向尺寸M14、φ17标注尺寸公差,轴段尺寸$\phi17_{-0.02}^{0}$表面粗糙度要求Ra值为$0.8\mu m$,键槽两侧和B向平面表面粗糙

度要求 Ra 值为 $0.32\mu m$，其余为 $12.5\mu m$。零件所有表面都是经过机械加工。图中 — 0.03 表示轴段尺寸 $\phi17^0_{-0.02}$ 轴段直线度误差不大于 $0.03mm$。

$\equiv$ 0.1 A 表示键槽两侧对汽车水泵轴段尺寸 $\phi17^0_{-0.02}$ 公共轴线 A 的对称度误差不大 $0.1mm$。 $\equiv$ 0.5 A 表示 B 向平面对汽车水泵轴段尺寸 $\phi17^0_{-0.02}$ 公共轴线 A 的对称度误差不大于 $0.5mm$。

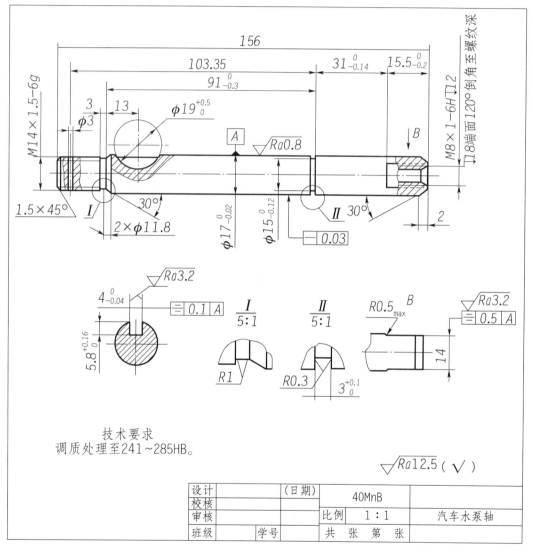

图 4-56　汽车水泵零件图

2. 轮盘类零件

汽车上的离合压盘、凸缘盘、皮带轮、气泵盖等均属轮盘类零件。图 4-57 为泵盖零件图。

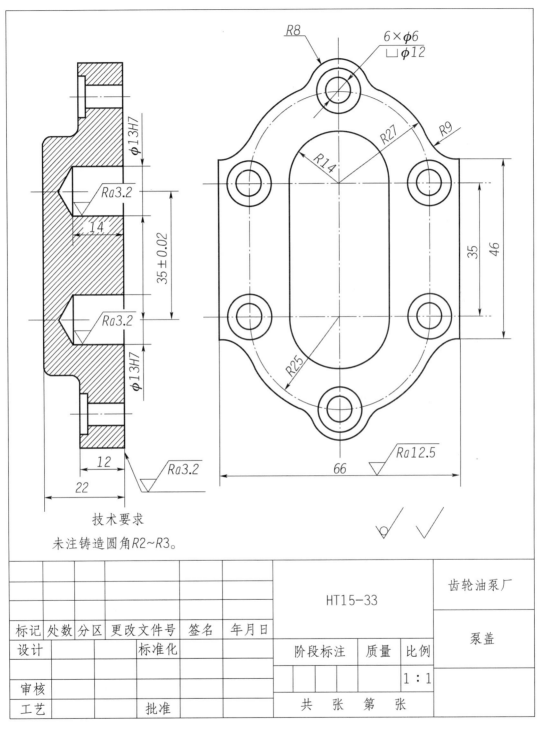

技术要求

未注铸造圆角R2~R3。

							HT15-33		齿轮油泵厂
标记	处数	分区	更改文件号	签名	年月日				泵盖
设计			标准化				阶段标注	质量	比例
									1：1
审核							共 张 第 张		
工艺			批准						

图 4-57　泵盖零件图

识读方法和步骤如下：

①读标题栏：该零件名称叫泵盖。材料是灰口铸铁，牌号为 HT15-33，采用铸

造加工。

②结构形状分析:主视图采用全剖视图,主要表达泵盖孔的内部形状,左视图主要表达了泵盖轮廓、孔的形状和相对位置。

③尺寸标注分析:以轴线作为径向尺寸基准,以右端面作为长度方向(轴向)主要尺寸基准。

④技术要求分析:泵盖为铸件,须时效处理,消除内应力。定位尺寸35有尺寸公差要求,且表面粗糙度要求高,表明与相关零件有配合要求。右端面是基准,有表面粗糙度要求。其余为不经切削加工的铸件表面。

3.叉架类零件

汽车上的变速器中的拨叉、制动杠杆、轴承支架等均属于叉架类零件,如图4-58所示。

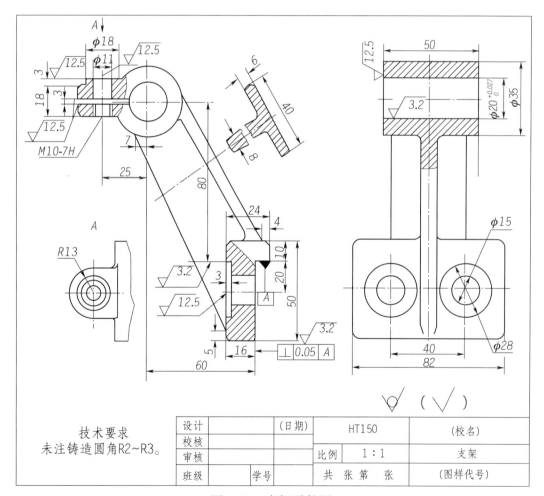

图4-58 支架零件图

识读方法和步骤如下:

①读标题栏:从标题栏中可知,该零件名称是支架。材料是灰口铸铁,牌号为HT150,采用铸造加工。

②结构形状分析:主视图采用2个局部剖,表达支架外形形状、孔结构位置和形状。左视采用一个局部剖,表达支架外形形状和孔结构位置和形状。肋板采用断面剖,表达肋板的形状。A向视图表达支架的外形和孔的结构形状。

③尺寸标注分析:支架的长度主要基准是右端面,高度方向的主要尺寸是支架底面,宽度方向的主要尺寸基准是宽度中心轴线。

④技术要求分析:支架中固定板的螺栓孔和轴孔都有表面粗糙度和尺寸公差要求,其中轴孔尺寸$\phi 20_0^{+0.027}$基孔制的基准孔,它的表面粗糙度Ra值为3.2μm。

┴ │ 0.05 │ A 表示右端面对90mm尺寸平面基准A的垂直度误差不大于0.05mm。

4. 箱体类零件

汽车上的变速器壳体、汽缸体、后桥壳、油泵体等均属箱体类零件。图4-59为减速器箱体零件图。

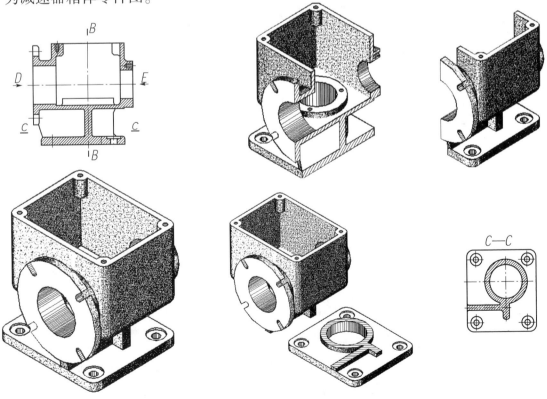

图 4-59

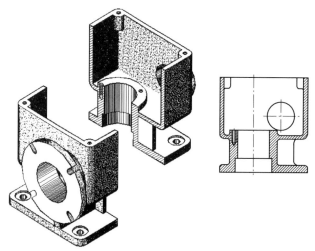

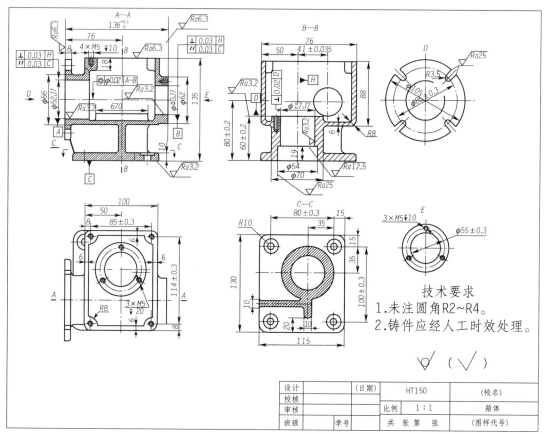

图 4-59 减速器箱体零件图

箱体类零件图的识读方法与步骤如下。

读标题栏:箱体按1:1绘制,材料为HT150。毛坯采用铸造方法制造,结构形状较复杂,端面和内孔都需要切削加工。

视图表达:箱体主视图采用 *A—A* 向视图、左视图采用 *B—B* 向视图、俯视图和 *C*、*D*、*E* 向视图表达,主视图和左视图采用全剖视图,俯视图和 *D*、*E* 向视图看箱体轮廓的形状,*C* 向剖视图看到箱体最下部的结构形状。

分析尺寸:箱体长度方向基准是左端面,宽度基准是对称面,高度基准是底面。标注尺寸较多,可自行分析。

课题四 零件测绘

根据实际零件绘制草图,测量并标注尺寸,给出必要的技术要求的绘图过程,称为零件测绘。零件测绘对推广先进技术、改造现有设备、技术革新、修配零件等都有重要作用。因此,零件测绘是实际生产中的重要工作之一。

在汽车维修中,如遇到零部件损坏后,需仿制加工时,就需要进行零部件的测绘。

一、测量工具使用方法

在零件测绘中,常用的测量工具、量具有直尺、内卡钳、外卡钳、游标卡尺、内径千分尺、外径千分尺、高度尺、螺纹规、圆弧规、量角器、曲线尺、铅丝和印泥等。

(1)用直尺或游标卡尺测量长度尺寸,如图 4-60、图 4-61 所示。

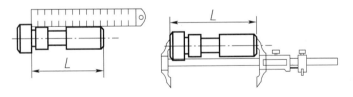

图 4-60　直尺、游标卡尺测量长度

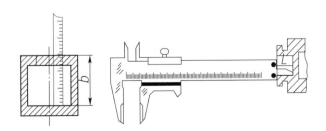

图 4-61　直尺、游标卡尺测量深度

（2）用内、外卡钳、游标尺或内、外千分尺测量直径，如图 4-62 所示。

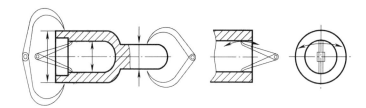

图 4-62　内、外卡钳测量直径

较精确的直径尺寸，多用游标尺或内、外千分尺测量，如图 4-63 所示。

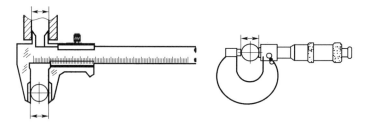

图 4-63　多用游标尺或内、外千分尺测量精确尺寸

在测量内径时，如果孔口小不能取出卡钳，则可先在卡钳的两腿上任取 a、b 两点，并量取 a、b 间的距离 L，如图 4-64a）所示，然后合并钳腿取出卡钳，再将钳腿分开至 a、b 间距离为 L，这时在直尺上量得钳腿两端点的距离便是被测孔的直径，如图 4-64b）所示。也可以用图 4-64c）所示的内外同值卡钳进行测量。

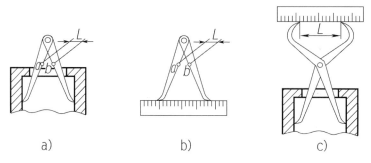

图 4-64　卡钳测量内径

（3）测量圆弧及螺距。测量较小的圆弧，可直接用圆弧规，如图 4-65 所示。测量大的圆弧，可用拓印法、坐标法等方法。

测量螺距，可用螺纹规直接测量，如图 4-66 所示。也可用其他方法测量。

（4）测量角度。

测量角度可用游标量角器测量，如图 4-67 所示。

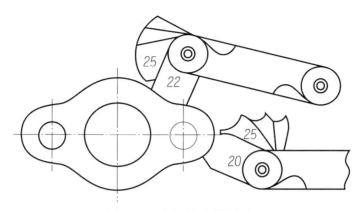

图 4-65 圆弧规测量半径

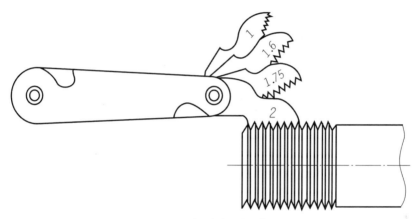

图 4-66 螺纹规测量螺距

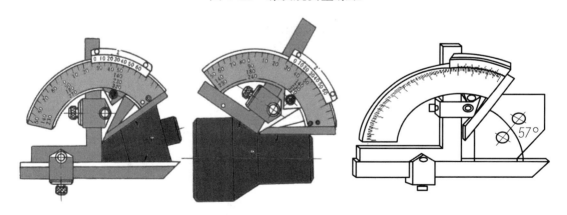

图 4-67 游标量角器测量角度

二、画零件草图

(1)分析测绘零件。

弄清零件名称、用途、构造以及与其他零件的装配关系,考虑好零件的拆卸顺序及所用的工具。图4-68所示为低速轴轴测图。

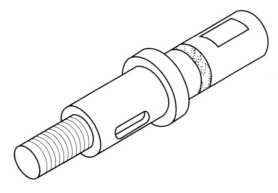

图4-68 低速轴轴测图

(2)确定零件草图的表达方案,徒手绘制草图。

根据零件的结构形状特点,按其位置或加工位置,选定主视图,并根据零件的复杂程度选择其他视图的表达方式。要"徒手目测,先画后量"。即是凭目测零件各部分的尺寸比例,徒手绘制草图。绘制过程如图4-69～图4-71所示。

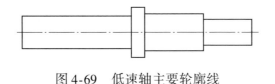

图4-69 低速轴主要轮廓线

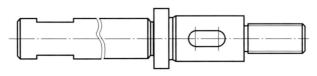

图4-70 低速轴的细节部分

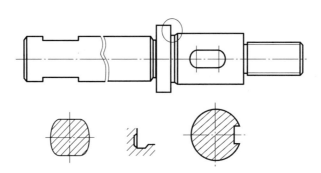

图4-71 移出断面图及局部放大图

(3)标注测量尺寸数值和技术要求。

①把全部零件都画成零件草图后,再画尺寸界线、尺寸线和箭头;然后选用

合适的测量工具，逐个测量零件尺寸数值，并将数值填写在画好的草图尺寸线上，如图4-72所示。

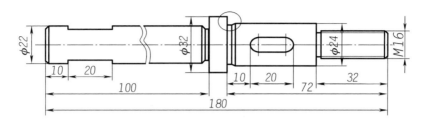

图4-72 标注轴径尺寸及长度尺寸

②标注完整的尺寸，确定零件的技术要求，如图4-73所示。

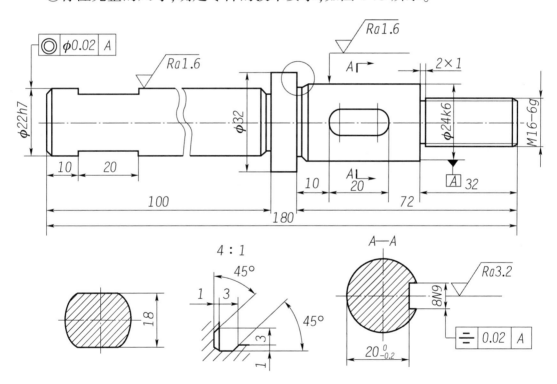

图4-73 标注低速轴的完整尺寸

（4）绘制零件草图。

根据修改后的零件草图，绘制零件草图。完成完整的尺寸标注，确定零件的技术要求，如图4-74所示。

画零件草图时应注意以下几点：

①零件上的工艺结构，如倒角、圆角、凸台、退刀槽等都应画出。

②零件上的标准结构要素，如螺纹、退刀槽、键槽等的尺寸在测量以后，应查阅有关手册核对确定。

③两个零件相配合的尺寸或互有联系的尺寸,只要测量一个零件,然后将测得数值同时填入两个零件的草图中。

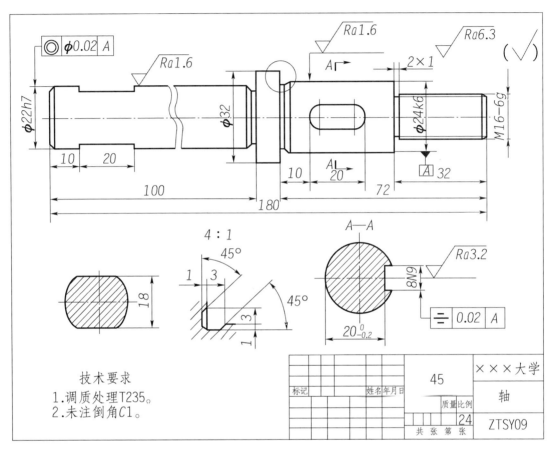

图4-74 低速轴零件图

130

单元五　标准件和常用件的画法

📚 知识目标

1. 通过学习螺纹的形成,描述螺纹的加工方法。
2. 通过学习能描述螺纹紧固件连接的画法和标注。
3. 学会键、销连接的画法。
4. 能学会直齿圆柱齿轮及其啮合的画法。
5. 能学会直齿圆锥齿轮、蜗杆蜗轮及其啮合的画法。
6. 学会滚动轴承、弹簧的画法。

📖 技能目标

1. 通过学习能查阅标准件的有关国家标准。
2. 通过学习能绘制螺纹紧固件、键、销的连接图。
3. 能运用直齿圆柱齿轮画法绘制直齿圆柱齿轮啮合图。
4. 通过学习能识读滚动轴承代号。
5. 能运用弹簧的画法绘制圆柱螺旋压缩弹簧图。

素养目标

培养学生绘制标准件和常用件的职业规范作图意识,主动与学习小组成员沟通,培养良好的人际协调能力。

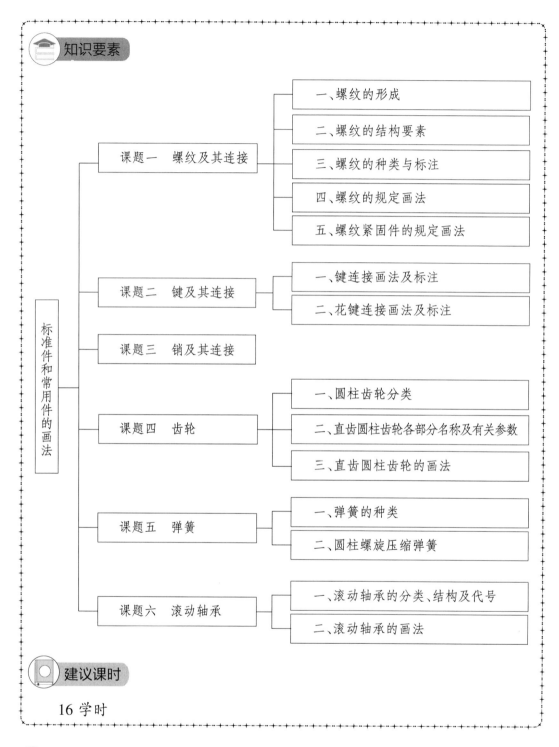

知识要素

标准件和常用件的画法

课题一　螺纹及其连接
- 一、螺纹的形成
- 二、螺纹的结构要素
- 三、螺纹的种类与标注
- 四、螺纹的规定画法
- 五、螺纹紧固件的规定画法

课题二　键及其连接
- 一、键连接画法及标注
- 二、花键连接画法及标注

课题三　销及其连接

课题四　齿轮
- 一、圆柱齿轮分类
- 二、直齿圆柱齿轮各部分名称及有关参数
- 三、直齿圆柱齿轮的画法

课题五　弹簧
- 一、弹簧的种类
- 二、圆柱螺旋压缩弹簧

课题六　滚动轴承
- 一、滚动轴承的分类、结构及代号
- 二、滚动轴承的画法

建议课时

16 学时

引导案例

　　某汽车维修厂维修人员小韦在给客户车辆做维护时,不慎将客户的车辆右

后轮固定轮胎的螺栓弄丢一颗,现厂里没有同规格的螺栓,无法给车辆紧固轮胎。经请示主管,主管要求小伟到附近汽修配件厂购买该螺栓,经过测量小伟掌握了该螺栓的规格,并准备前往购买。

 引例分析

在机器和设备中,除一般零件外,还广泛使用螺钉、螺栓、螺母、垫圈、键、销、滚动轴承等,这类零件的结构和尺寸均已标准化,称为标准件。此外,还有齿轮、弹簧等,这类零件的部分结构和参数已标准化,称为常用件。

在机械图样中,对标准件和常用件的某些结构和形状不必按真实投影绘制,而是执行国家标准的有关规定。

课题一 螺纹及其连接

一、螺纹的形成

在圆柱或圆锥表面上,沿着螺旋线所形成的具有规定牙型的连续凸起,称为螺纹。其中外表面上形成的螺纹称为外螺纹;内表面上形成的螺纹称为内螺纹。内、外螺纹成对使用,如图5-1、图5-2所示。

a)外螺纹　　　　　b)内螺纹

图 5-1　螺纹形式

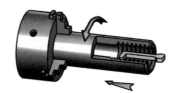

a)车床加工外螺纹　　　　　b)车床加工内螺纹

图 5-2　车床加工内外螺纹

在箱体、底座等零件上加工内螺纹(螺孔),一般先用钻头钻孔,再用丝锥攻出螺纹,如图 5-3 所示。

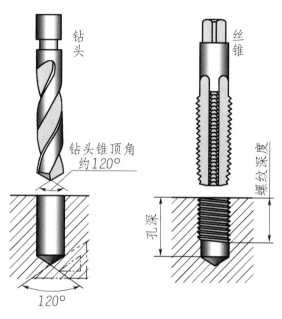

图 5-3　用丝锥加工内螺纹

二、螺纹的结构要素

1. 螺纹牙型

在通过螺纹轴线的断面上,螺纹的轮廓形状称为螺纹牙型。它由牙顶、牙底和两牙侧构成,形成一定的牙型角。常见的有三角形、梯形、锯齿形、矩形等,如图 5-4 所示。

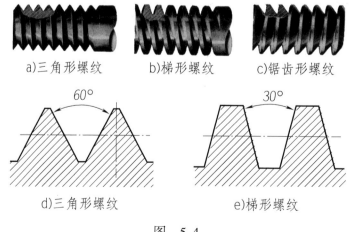

a)三角形螺纹　　　b)梯形螺纹　　　c)锯齿形螺纹

d)三角形螺纹　　　　　　　e)梯形螺纹

图　5-4

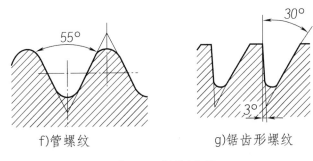

f)管螺纹　　　　　　　　　g)锯齿形螺纹

图5-4　螺纹牙型

2.螺纹直径

螺纹的直径有大径、小径和中径。直径符号用小写字母表示外螺纹,大写字母表示内螺纹,如图5-5所示。

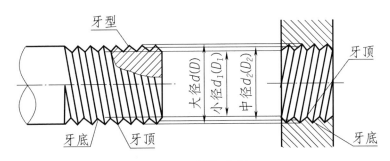

图5-5　螺纹直径

(1)公称直径是代表螺纹尺寸的直径,一般指螺纹大径的基本尺寸(管螺纹用尺寸代号表示)。

(2)大径(d、D)也称公称直径,即与外螺纹牙顶(螺纹凸起部分的顶端)或内螺纹牙底(螺纹沟槽部分的底部)相重合的假想圆柱面的直径。

(3)小径(d_1、D_1)是与外螺纹牙底或内螺纹牙顶相重合的假想圆柱面的直径。外螺纹的大径与内螺纹的小径又称顶径;外螺纹的小径与内螺纹的大径又称底径。

(4)中径:在大径与小径圆柱之间有一假想圆柱,在其母线上牙型的沟槽和凸起宽度相等。此假想圆柱称为中径圆柱,其直径称为中径。中径是反映螺纹精度的主要参数之一。

3.螺纹线数

螺纹有单线和多线之分。沿一条螺旋线形成的螺纹,称为单线螺纹。两条或两条以上在轴向等距分布的螺旋线形成的螺纹,称为多线螺纹。线数以 n 表示,螺纹线数、螺距和导程如图5-6所示。

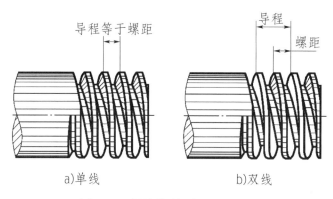

图 5-6　螺纹线数、螺距和导程

4.螺纹的螺距和导程

螺纹相邻两牙在中径线上对应两点间的轴向距离称为螺距,用 P 表示。沿同一条螺旋线转一周,轴向移动的距离称为导程,用 P_h 表示。单线螺纹的螺距等于导程,即 $P_h = P$;多线螺纹的螺距乘线数等于导程,即 $P_h = nP$。

5.螺纹旋向

顺时针旋转时沿轴向旋入的螺纹称为右旋螺纹,其可见螺旋线表现为左低右高的特征;逆时针旋转时沿轴向旋入的螺纹称为左旋螺纹,其可见螺旋线表现为左高右低的特征。工程上常用的是右旋螺纹,如图5-7所示。

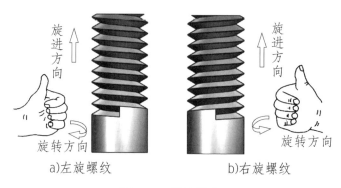

a)左旋螺纹　　　　　　　　　b)右旋螺纹

图 5-7　螺纹旋向

内、外螺纹配对使用,只有上述五个要素都相同的内、外螺纹才能够相互旋合使用。

三、螺纹的种类与标注

1.螺纹的种类

(1)按螺纹的标准化程度分类,可分为标准螺纹、特殊螺纹和非标准螺纹。

螺纹按牙型、直径、螺距三要素是否符合国家标准,可分为三类:

①标准螺纹:牙型、直径、螺距三要素符合标准的螺纹。

②特殊螺纹:牙型符合标准,直径或螺距不符合标准的螺纹。

③非标准螺纹:牙型不符合标准的螺纹。

(2)按螺纹的用途分类,可分为连接螺纹和传动螺纹。

连接螺纹包括普通螺纹(M)(粗牙、细牙)和管螺纹(G、R、Rc、Rp)。

传动螺纹包括梯形螺纹(Tr)和锯齿形螺纹(B)。

连接螺纹主要用在连接作用的紧固件上;传动螺纹则主要用于传递动力的机件上。几种常用螺纹的特征代号及用途见表5-1。

几种常用螺纹的特征代号及用途　　　　　　　表5-1

螺纹种类			特征代号	外形图	用途
连接螺纹	普通螺纹	粗牙	M		最常用的连接螺纹
		细牙			用于细小的精密或薄壁零件
	管螺纹		G		用于水管、油管、气管等薄壁管子上,用于管路的连接
传动螺纹	梯形螺纹		Tr		用于各种机床的丝杠,作为传动用
	锯齿形螺纹		B		只能传递单方向的动力

2. 螺纹的标注

由于各种螺纹的规定画法基本是相同的,因此,国家标准规定了各种螺纹的标注方法,螺纹的各个要素只能通过标注的内容反映出来。

(1)普通螺纹的标注(图5-8)。

图5-8　普通螺纹的标注

如果是多线螺纹,将螺距改为导程 P_h(螺距 P)。

普通螺纹的特征代号为 M。普通螺纹多为单线螺纹,单线螺纹不必注写"P_h""P"字样。

单线粗牙螺纹不注螺距,细牙螺纹注螺距。

中径公差带代号和顶径公差带代号相同时,可只注一个公差代号。

旋合长度分短、中、长三组,代号分别为"S""N""L"。中等旋合长度不必标注,长或短旋合长度必须标注;特殊的旋合长度可直接注出长度数值。右旋螺纹不注,左旋注"LH"。普通螺纹标注示例见表5-2。

普通螺纹标注示例   表5-2

标注示例	说明
M20-6H	表示公称直径为20mm 的右旋粗牙普通螺纹(内螺纹),中径和顶径公差带代号均为6H,中等旋合长度
M20×2-5g6g-S-LH	表示公称直径为20mm、螺距为2mm 的左旋细牙普通螺纹(外螺纹),中径公差带代号为5g,顶径公差带代号均为6g,短旋合长度
M20×2-6H/6g	表示公称直径为20mm、螺距为2mm 的两右旋内、外螺纹旋合,内螺纹公差带代号为6H,外螺纹公差带代号为6g

(2)管螺纹的标注。

管螺纹分为螺纹密封管螺纹(R、Rc、Rp)和非螺纹密封管螺纹(G)。

55°密封管螺纹标记格式为:

| 特征代号 | 尺寸代号 | 旋向代号 |

标注示例见表5-3。

55°密封管螺纹标注示例　　　　　　　　　表 5-3

标注示例	说明
$R_p1/4$	表示尺寸代号为 1/4,右旋,55°密封圆柱内螺纹
$R_11/4$	表示尺寸代号为 1/4,右旋,与圆柱内螺纹相配合的 55°密封圆锥外螺纹
$R_c1/4$	表示尺寸代号为 1/4,右旋,55°密封圆锥内螺纹
$R_21/4$	表示尺寸代号为 1/4,右旋,与圆锥内螺纹相配合的 55°密封圆锥外螺纹

55°非密封管螺纹标记格式为:

　　$\boxed{\text{特征代号}}$ $\boxed{\text{尺寸代号}}$ $\boxed{\text{公差等级代号}}$—$\boxed{\text{旋向代号}}$　适用于非螺纹密封的外管螺纹。

　　$\boxed{\text{特征代号}}$ $\boxed{\text{尺寸代号}}$ $\boxed{\text{旋向代号}}$　适用于非螺纹密封的内管螺纹。

标注示例见表 5-4。

55°非密封管螺纹标注示例　　　　　　　　　表 5-4

标注示例	说明
G1/4ALH	非螺纹密封的管螺纹,管子的孔径 1/4in,外螺纹中径 A 级,左旋
G1/4	非螺纹密封的管螺纹,管子的孔径 1/4in,内螺纹,右旋

（3）梯形螺纹和锯齿形螺纹的标注。

梯形螺纹和锯齿形螺纹的标注形式相同（图5-9）。

图5-9　梯形螺纹和锯齿形螺纹的标注

梯形螺纹的螺纹特征代号为"Tr"。

锯齿形螺纹的螺纹特征代号为"B"。

标注示例见表5-5。

梯形螺纹和锯齿形螺纹标注示例　　　　　　　　　表5-5

螺纹类别	标注示例	说明
梯形螺纹	$Tr40\times7-7H$	表示公称直径为40mm、螺距为7mm的单线右旋梯形内螺纹，中径公差带代号为7H，中等旋合长度
	$Tr40\times14(P7)LH-8e-L$	表示公称直径为40mm、导程为14mm、螺距为7mm的双线左旋梯形外螺纹，中径公差带代号为8e，长旋合长度
锯齿形螺纹	$B40\times7$	表示公称直径为40mm、螺距为7mm的单线右旋锯齿形外螺纹，中等旋合长度
	$B40\times14(P7)$	表示公称直径为40mm、螺距为7mm、导程为14mm的双线右旋锯齿形外螺纹，中等旋合长度

3.特殊螺纹与非标准螺纹的标注

特殊螺纹标注应在牙型符号前加注"特"字，并标注出大径和螺距。

非标准螺纹可按规定画法画出，但必须画出牙型和注出有关螺纹结构的全部尺寸。特殊螺纹与非标准螺纹的标注如图5-10所示。

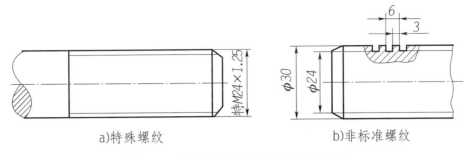

a)特殊螺纹　　　　　　　　　　b)非标准螺纹

图5-10　特殊螺纹和非标准螺纹的标注

四、螺纹的规定画法

螺纹牙顶用粗实线表示(外螺纹的大径线,内螺纹的小径线);牙底用细实线表示(外螺纹的小径线,内螺纹的大径线);在投影为圆的视图上,表示牙底的细实线圆只画约3/4圈;螺纹终止线用粗实线表示;不管是内螺纹还是外螺纹,其剖视图或断面图上的剖面线都必须画到粗实线;当需要表示螺纹收尾时,螺尾部分的牙底线与轴线呈30°;画图时按小径为0.85倍大径的比例绘图。

(1)外螺纹规定画法,如图5-11所示。

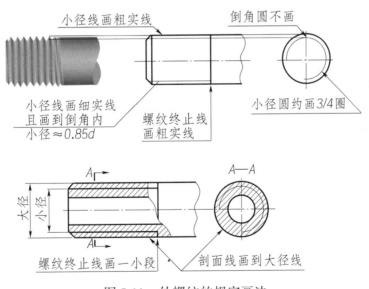

图5-11　外螺纹的规定画法

(2)内螺纹规定画法,如图5-12所示。

(3)螺纹连接的规定画法。

只有当内、外螺纹的五项基本要素相同时,内、外螺纹才能进行连接。用剖视图表示螺纹连接时,旋合部分按外螺纹的画法绘制,未旋合部分按各自原有的画法绘制。画图时必须注意:表示内、外螺纹大径的细实线和粗实线,以及表示内、外螺纹小径的粗实线和细实线应分别对齐;在剖切平面通过螺纹轴线的剖视图中,实心螺杆按不剖绘制。螺纹连接的规定画法如图 5-13 所示。

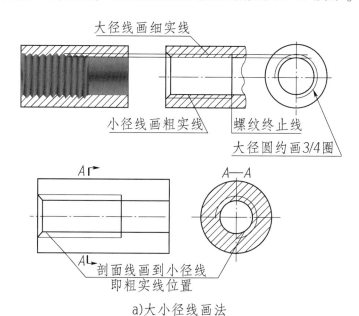

a)大小径线画法

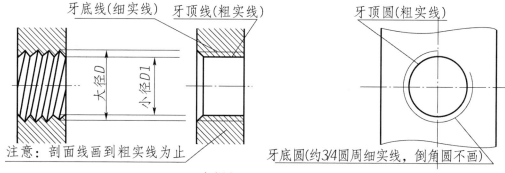

b)内螺纹通孔画法

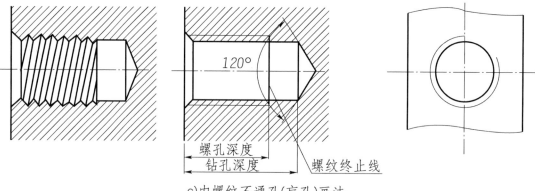

c)内螺纹不通孔(盲孔)画法

图 5-12 内螺纹的规定画法

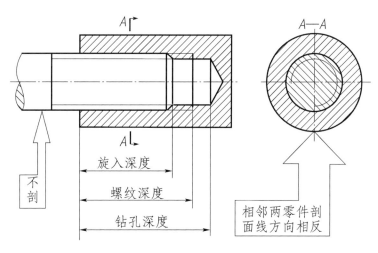

图 5-13　螺纹连接的规定画法

五、螺纹紧固件的规定画法

常用的螺纹紧固件有螺栓、螺钉、螺柱、螺母和垫圈等,如图 5-14 所示。由于这类零件都是标准件,通常只需用简化画法画出它们的装配图,同时给出它们的规定标记。标记方法遵循有关国家标准的规定。

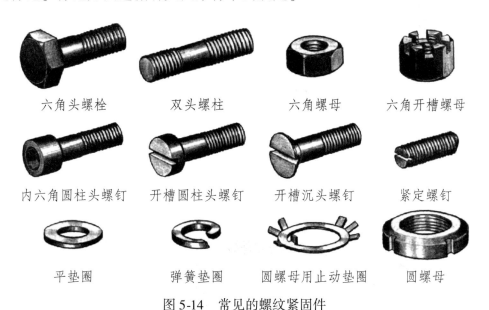

图 5-14　常见的螺纹紧固件

1.螺栓连接规定画法

(1)六角头螺栓规定画法,如图 5-15 所示。

标记示例:螺栓 M20×80,GB/T 5782—2003。

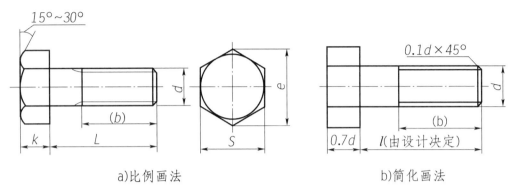

a)比例画法   b)简化画法

图 5-15   六角头螺栓规定画法

（2）六角螺母规定画法,如图 5-16 所示。

标记示例:螺母 M20,GB/T 6170。

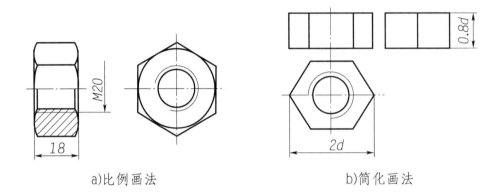

a)比例画法   b)简化画法

图 5-16   六角螺母规定画法

（3）垫圈规定画法,如图 5-17 所示。

标记示例:垫圈 20,GB/T 97.1。

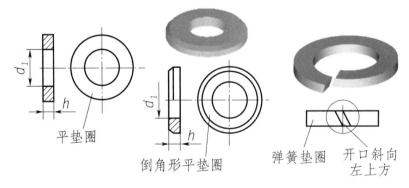

平垫圈

倒角形平垫圈

弹簧垫圈   开口斜向
左上方

图 5-17   各种垫圈的规定画法

（4）螺栓连接装配图的规定画法,如图 5-18 所示。

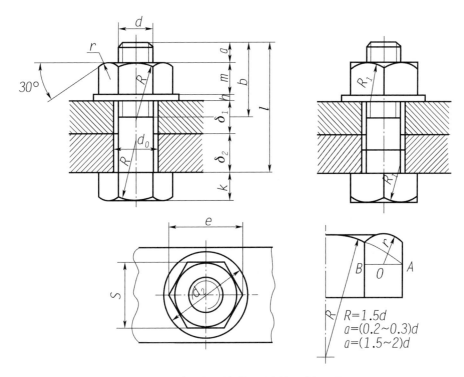

图 5-18 螺栓连接装配图的比例画法

注：$e = 2d$；$d_2 = 2.2d$；$d_0 = 1.1d$；$m = 0.8d$；$k = 0.7d$；$h = 0.15d$；$s = 1.7d$；$R_1 = d$。

根据螺栓标记，在相应的标准中查得各有关尺寸后作图。螺栓公称长度 $L \approx$ $\delta_1 + \delta_2 + h + m + a$（图 5-18）。$h$、$m$ 均以 d 为参数按比例或查表画出。对于算出的结果，还需从公称长度系列中选取与它相近的标准值。

绘制螺栓连接图时，应注意以下几点：

①被连接件的孔径 $= 1.1d$；

②两块板的剖面线方向相反；

③两被连接件接触面形成一条轮廓线；

④螺栓、垫圈、螺母按不剖画；

⑤螺栓的螺纹大径和被连接件光孔之间有两条轮廓线，零件接触面轮廓线在此之间应画出。

螺栓连接的简化画法如图 5-19 所示。

2. 螺柱连接规定画法

双头螺柱连接的规定画法，如图 5-20 所示。

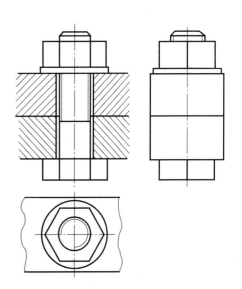

图 5-19 螺栓连接的简化画法

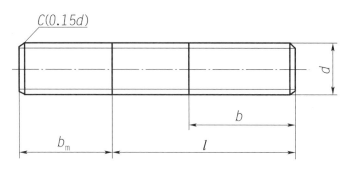

图 5-20　双头螺柱连接的简化画法

（1）双头螺柱的规定画法。

标记示例：螺柱 M20×50，GB/T 897—2003。

（2）双头螺柱连接装配图的规定画法，如图 5-21 所示。

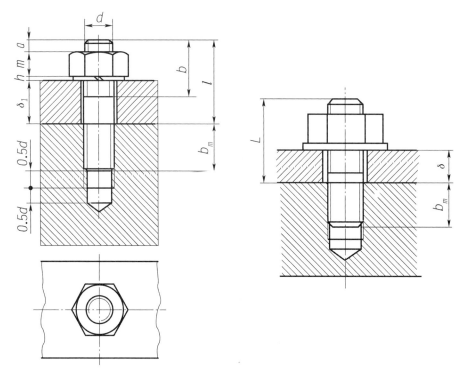

图 5-21　双头螺柱连接的规定画法

　　双头螺柱连接适用于被连接件之一较厚或不能钻成通孔的情况。螺柱的两头均加工有螺纹，一端旋入被连接件，称为旋入端。拧螺母的一端称为紧固端。螺柱旋入端长度 b_m 与被连接件的材料性能有关。一般对于强度较低的材料，其 b_m 值应比强度较高的材料大。对于钢或青铜，$b_m=d$；对于铸铁，$b_m=1.25d$；对于强度在铸铁、铝之间的材料，$b_m=1.5d$；对于铝合金，$b_m=2d$。

画螺柱连接图时应注意以下几点：

①螺柱的旋入端必须全部旋入螺孔内。

②旋入端的螺纹终止线应与两个被连接零件的接触面平齐,在一条直线上。

③螺纹孔的深度应大于旋入端长度,螺孔深一般是 $b_m + (0.3 \sim 0.5)d$。

3.螺钉连接的规定画法

螺钉按用途可分为连接螺钉和紧定螺钉两类。连接螺钉适用于受力不大而又不需经常拆卸的零件连接中;紧定螺钉用来固定两零件的相对位置。连接螺钉常用的有内六角螺钉、开槽圆柱头螺钉、开槽沉头螺钉等;紧定螺钉前端的形状有锥端、平端和长圆柱端等。

(1)螺钉的规定画法,如图 5-22 所示。

标记示例:(开槽圆柱头)螺钉 M12×80,GB/T 65—2003。

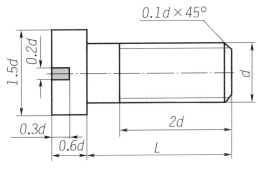

图 5-22　螺钉的规定画法

(2)螺钉连接装配图的规定画法。

画螺钉连接图时,应注意以下几点：

①螺钉头的槽口:在主视图被放正绘制,在俯视图规定画成与水平线呈45°,不和主视图保持投影关系;当槽口的宽度小于2mm时,槽口投影可涂黑。

②若有螺纹终止线,则其应高于两被连接件接触面轮廓线,表示还有足够的拧紧力。

③一般不用螺母,也不用垫圈,而是把螺钉直接拧入被连接件。

④螺钉自上而下穿过上部零件(其孔径为1.1d),与下部零件螺纹孔相旋合。

⑤螺钉的旋入长度 b_m 由被旋入件的材料决定:对于钢或青铜,$b_m = d$;对于铸铁,$b_m = 1.25d$;对于强度在铸铁、铝之间的材料,$b_m = 1.5d$;对于铝合金,$b_m = 2d$。

螺钉连接的画法中拧入螺孔端与螺柱连接相似,穿过通孔端与螺栓连接相似,如图 5-23 所示。

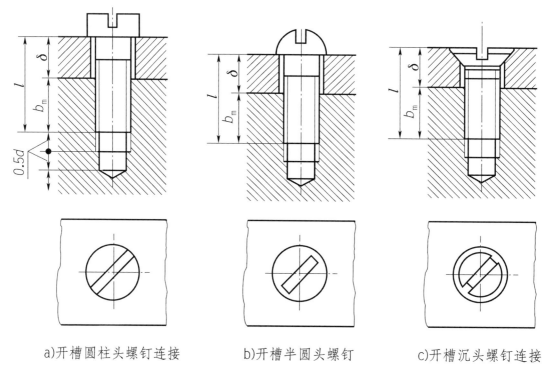

a)开槽圆柱头螺钉连接　　　b)开槽半圆头螺钉　　　c)开槽沉头螺钉连接

图 5-23　连接螺钉连接的画法

紧定螺钉分锥端、柱端、平端三种,如图 5-24、图 5-25 所示。

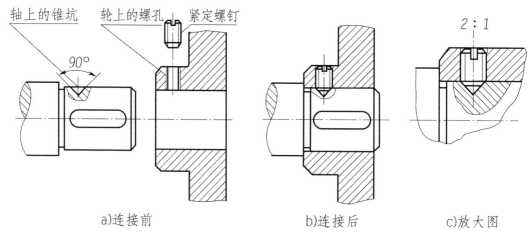

a)连接前　　　　　　b)连接后　　　　　c)放大图

图 5-24　紧定螺钉连接的画法

①锥端紧定螺钉靠端部锥面顶入机件上的小锥坑起定位、固定作用。

②柱端紧定螺钉利用端部小圆柱插入机件上的小孔或环槽起定位、固定作用。

③平端紧定螺钉靠其端平面与机件的摩擦力起定位作用。

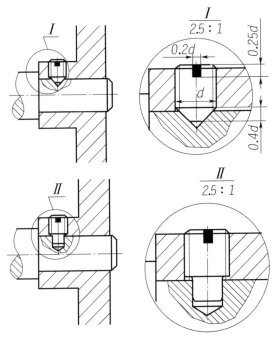

图 5-25　紧定螺钉连接的画法

课题二　键及其连接

在机械设备中,键主要用于连接轴和轴上的零件(如齿轮、皮带轮等),以传递力矩,也有的键具有导向的作用。如图 5-26 所示,在轴和轮毂上加工出键槽,装配时先将键装入轴的键槽内,然后将轮毂上的键槽对准轴上的键,把轮子装在轴上,如图 5-27 所示。传动时,轴和轮子便可一起转动。常用的键有平键、半圆键、钩头楔键、花键等,如图 5-28 所示。

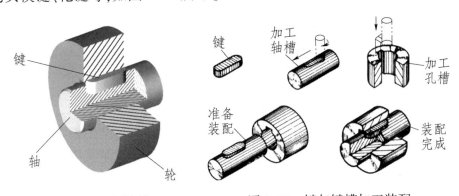

图 5-26　键与键槽　　　　图 5-27　键与键槽加工装配

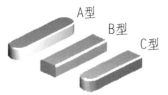

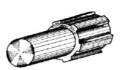

a)普通平键　　　b)半圆键　　c)钩头楔键　　　d)外花键　　　e)内花键

图 5-28　各种类型的键

一、键连接画法及标注

1.键的画法及标注

键的画法及标注见表 5-6。

键的规定标记及示例　　　　　　　　　　表 5-6

名称	图例	标记示例
普通平键	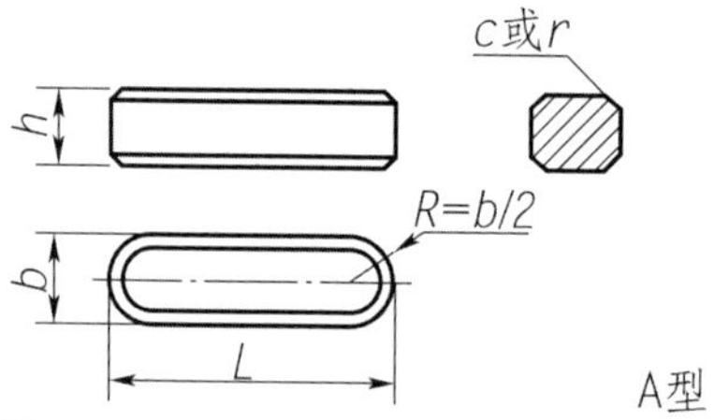 A型	$b=18,h=11,L=100$ 的圆头普通平键: 键 $18\times11\times100$,GB/T 1096—2003
	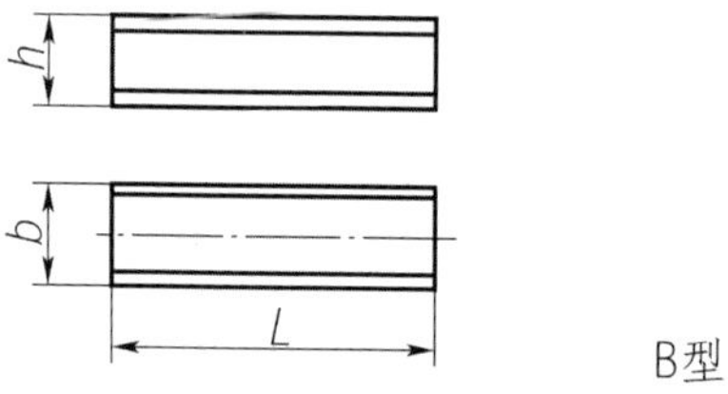 B型	$b=18,h=11,L=100$ 的方头普通平键（B型）: 键 B$18\times11\times100$,GB/T 1096—2003
	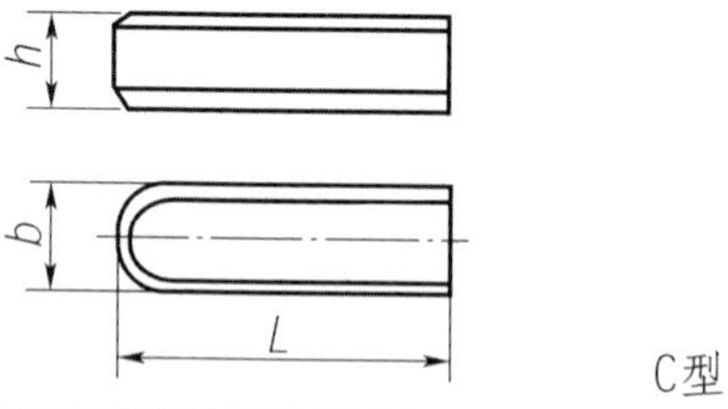 C型	$b=18,h=11,L=100$ 的单圆头普通平键(C型): 键 C$18\times11\times100$,GB/T 1096—2003
半圆键	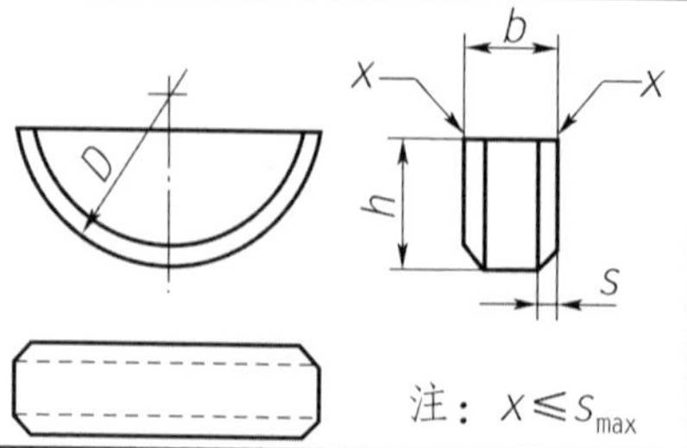 注：$x\leqslant s_{max}$	$b=6,h=10,R=25,D=25$ 的半圆键: 键 $6\times10\times25$,GB/T 1099.1—2003

续上表

名称	图例	标记示例
钩头楔键	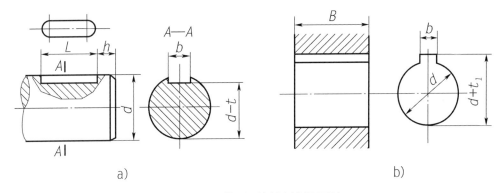	$b=18,h=11,L=100$ 的钩头楔键： 键 18×100,GB/T 1565—2003

2.键连接的画法

(1)普通平键连接的画法。

与键相配合的键槽尺寸,可从国家标准中查出,其画法及尺寸标注如图5-29所示。

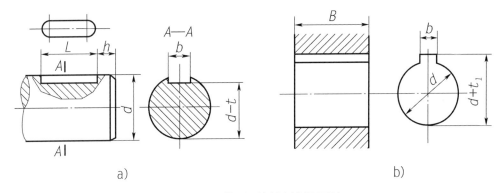

a) 　　　　　　　　　　　　　　 b)

图5-29　普通平键键槽的画法

为了表示平键的连接关系,一般采用局部剖视图和断面图。键的侧面、底面与键槽的侧面及轴的键槽底面接触,只画一条粗实线;而键的顶面与轮毂上键槽的底面有间隙,要画两条线;剖切平面通过轴线和键的对称平面作纵向剖切时,键按不剖绘制,如图5-30所示。

键宽 b、键高 h、轴上键槽深度 t_1、轮毂键槽深度 t_2,可根据轴的直径 d,通过查表得到,键长 L 应比轮毂长度短至少5mm,并取标准系列长度。

(2)半圆键连接的画法。

与键相配合的键槽尺寸,可从国家标准中查出,其画法及尺寸标注如图5-31所示。

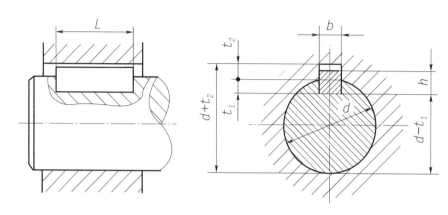

图 5-30　普通平键键槽的画法

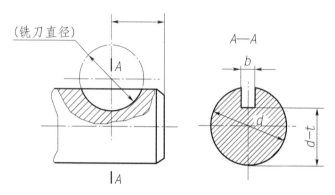

图 5-31　半圆键键槽的画法

半圆键的工作面是它的两个侧面,故键和键槽的两侧面应紧密接触。绘图时,应注意两侧面分别画成一条线,而键的顶面与轮毂键槽顶面之间留有间隙,应注意画成两条线,如图 5-32 所示。

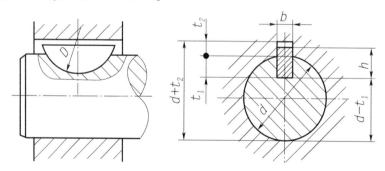

图 5-32　半圆键连接的画法

（3）钩头楔键连接的画法。

钩头楔键的顶面有 1∶100 的斜度,它靠顶面与底面接触受力而传递力矩,装配时,沿轴向将键打入键槽,因此,其顶面与底面是工作面。而两侧面是非工作面,接触较松,以偏差控制——间隙配合。绘图时,顶面、底面、侧面都不留间隙,如图 5-33 所示。

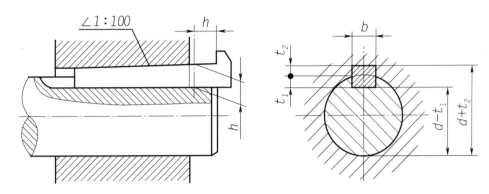

图 5-33　钩头楔键连接的画法

二、花键连接画法及标注

当传递的载荷较大时,需采用花键连接,在轴上加工的花键称为外花键,该轴称为花键轴;在孔内加工的花键称为内花键,该孔称为花键孔。花键的齿形有矩形、三角形、渐开线形等,常见的是矩形花键。

1. 外花键画法及标注

(1)外花键画法。

与轴线平行的视图中,外花键大径用粗实线,小径用细实线绘制。工作长度的终止端和尾部长度末端均用细实线绘制,并与轴线垂直,尾部画成与轴线成30°的细斜线。

垂直于花键轴线的图形可画成断面图或视图。若画断面图,可画出全部齿形,大径、小径都用粗实线;也可画出部分齿形,大径画粗实线圆,小径画细实线圆。外花键的画法如图 5-34 所示。

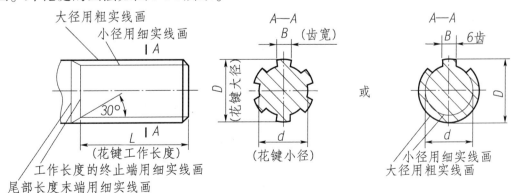

图 5-34　外花键的画法

在剖视图中,小径画成粗实线,其余同外花键视图画法,如图5-35所示。

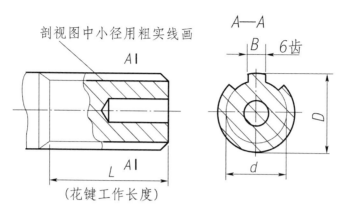

图5-35 外花键的画法(剖视图)

(2)外花键标注。

①在图中直接注出公称尺寸 *D*(大径)、*d*(小径)、*b*(键宽)和 *Z*(齿数)等,如图5-36所示。

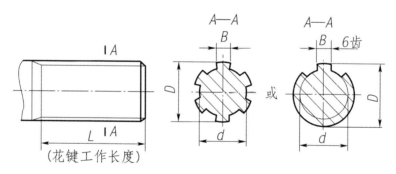

图5-36 外花键的标注

②从大径圆柱的素线上引出指引线,在其水平折线上注出花键代号,包括花键齿形符号、键数 *N*、小径 *d*、大径 *D*、键(槽)宽 *B*、公差带代号、标准号,如图5-37所示。

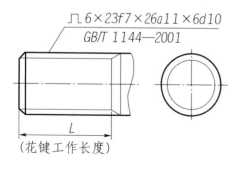

图5-37 外花键的标注

2.内花键的画法及标注

(1)内花键画法。

在与轴线平行的视图中,内花键通常用剖视表达,大、小径均用粗实线绘制,齿按不剖处理。在垂直于轴线的视图中,可画出全部齿形,大径、小径都用粗实线;也可画出部分齿形,小径用粗实线,大径用细

154

实线,如图 5-38 所示。

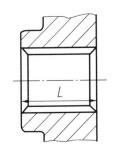 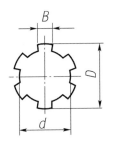 或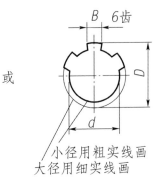

大小径都用粗实线画,
齿按不剖处理

小径用粗实线画
大径用细实线画

图 5-38　内花键的画法

(2)内花键标注。

①在图中直接注出公称尺寸 D(大径)、d(小径)、b(键宽)和 Z(齿数)等,如图 5-39 所示。

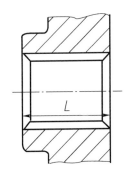 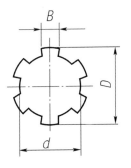 或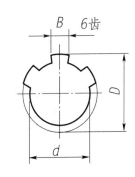

图 5-39　内花键的标注

②从大径圆柱的素线上引出指引线,在其水平折线上注出花键代号,包括花键齿形符号、键数 N、小径 d、大径 D、键(槽)宽 B、公差带代号、标准号,如图 5-40 所示。

3.花键连接的画法和标注

(1)花键连接的画法。
花键连接部分按外花键的画法绘制。

(2)花键连接的和标注。
在花键连接装配图上通常是标注花键代号。

花键连接的画法和标注如图 5-41 所示。

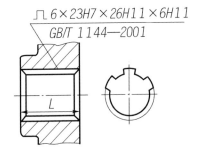

图 5-40　内花键的标注

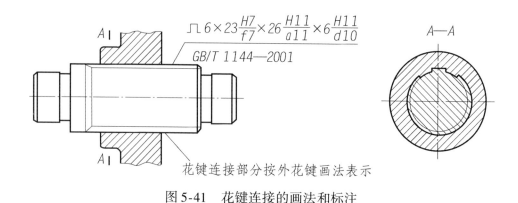

$$\sqcap 6\times 23\frac{H7}{f7}\times 26\frac{H11}{a11}\times 6\frac{H11}{d10}$$

GB/T 1144—2001

A—A

花键连接部分按外花键画法表示

图 5-41　花键连接的画法和标注

课 题 三　销及其连接

销是标准件,可在国家标准中查到它们的型式和尺寸。销主要用于零件之间的定位,也可用于零件之间的连接,但只能传递不大的力矩。常用的销有圆柱销、圆锥销和开口销等,如图 5-42 所示。

a)圆柱销　　　　　b)圆锥销　　　　　c)开口销

图 5-42　常见的销

圆柱销、圆锥销在机器中主要起连接和定位作用,开口销用来防止螺母松动或固定其他零件。

表 5-7 列出了销及其标记示例。

销及其标记示例　　　　　　　　　　表 5-7

名称标准号	图例	标记示例
圆柱销 GB/T 119.1—2000		公称直径 $d=8$mm,公差为 m6,公称长度 $l=30$mm,材料为钢,不经淬火,不经表面处理的圆柱销; 　销 8m6 × 30,GB/T Z119.1—2000

续上表

名称标准号	图例	标记示例
圆锥销 GB/T 117—2000	A型(磨削)1∶50 B型(切削或冷镦) $r_1 \approx d$、$r_2 \approx \dfrac{a}{2} + d + \dfrac{(0.02l)^2}{8a}$	公称直径 $d = 10$mm，公称长度 $l = 50$mm，材料为 35 钢，热处理硬度 28～38HRC，表面氧化处理的 A 型圆锥销； 销 10×50，GB/T 117—2000
开口销 GB/T 91—2000		公称直径 $d = 5$mm，公称长度 $l = 40$mm，材料为 Q215 或 Q235，不经表面处理的开口销； 销 5×40，GB/T 91—2000

圆柱销、圆锥销和开口销连接图的画法如图 5-43 所示。

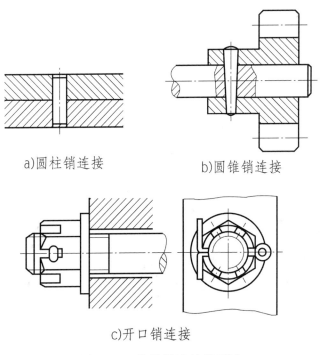

a)圆柱销连接　　　　　　　　b)圆锥销连接

c)开口销连接

图 5-43　常见销连接的画法

课题四　齿　轮

　　齿轮是机器设备中广泛应用的一种传动零件,用来传递动力、运动,改变转速和旋转方向。圆柱齿轮传动用于两平行轴间的传动;圆锥齿轮传动用于两相交轴间的传动;蜗杆蜗轮传动用于两交错轴间的传动。常见的齿轮传动形式如图5-44所示。本书只分析圆柱齿轮传动。

a)圆柱齿轮传动　　　　　b)锥齿轮传动　　　　　c)蜗杆与蜗轮传动

图5-44　常见的齿轮传动形式

一、圆柱齿轮分类

　　圆柱齿轮按轮齿排列方向的不同,一般有直齿、斜齿和人字齿等,如图5-45所示。下面以直齿圆柱齿轮为例分析。

a)直齿圆柱齿轮　　　　　b)斜齿圆柱齿轮　　　　　c)人字齿圆柱齿轮

图5-45　常见的齿轮传动形式

二、直齿圆柱齿轮各部分名称及有关参数

直齿圆柱齿轮各部分名称及有关参数如图 5-46 所示。

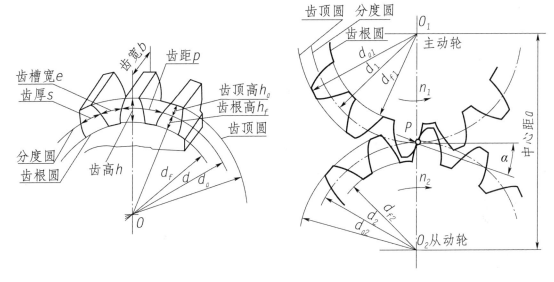

图 5-46　直齿圆柱齿轮各部分名称

（1）齿数 Z：轮齿的数量。

（2）齿顶圆 d_a：通过轮齿顶端的圆。

（3）齿根圆 d_f：通过轮齿根部的圆。

（4）分度圆 d：圆柱齿轮的分度圆柱面与端平面的交线。在标准情况下，齿槽宽 e 与齿厚近似相等，即 $e = s$。

（5）齿高 h：由轮齿的齿顶和齿根在径向上的高度称为齿高 h；齿顶圆与分度圆之间的径向距离称为齿顶高 h_a；分度圆与齿根圆之间的径向距离称为齿根圆 h_f。

（6）齿距 p：在分度圆上，相邻两齿廓对应点之间的弧长称为齿距 p；在标准齿轮中分度圆上齿厚 s = 齿槽 e，即 $p = s + e$。

（7）压力角 α：在节点处，两齿廓曲线的公法线与两节圆的内公节线所夹的锐角，称为压力角，压力角一般为 $20°$。

（8）模数 m：由于齿轮的分度圆周长 $= zp = \pi d$，则 $d = zp/\pi$，为计算方便，将 p/π 称为模数 m，则 $d = mz$。模数是设计、制造齿轮的重要参数。模数的单位为毫米（mm），齿轮模数数值已经标准化，模数标准化后，将大大有利于齿轮的设计、计算与制造。

(9)中心距 a：两啮合齿轮轴线之间的距离称为中心距。在标准情况下，$a = d_1/2 + d_2/2 = (Z_1 + Z_2) \cdot m/2$。

(10)速比 i：主动齿轮转速(转/分)与从动齿轮转速之比称速比，即由于转速与齿数成反比，因此，速比亦等于从动齿轮齿数与主动齿轮齿数之比，$i = n_1/n_2 = Z_2/Z_1$。

标准直齿圆柱齿轮各部分尺寸计算表见表5-8。

标准直齿圆柱齿轮各部分尺寸计算表　　　　表5-8

名称	代号	计算公式	说明
齿数	Z	根据设计要求或测绘而定	Z、m 是齿轮的基本参数，设计计算时，先确定 Z、m，然后得出其他各部分尺寸
模数	m	$m = p/\pi$ 根据强度计算或测绘而得	
分度圆直径	d	$d = mz$	
齿顶圆直径	d_a	$d_a = d + 2h_a = m(Z + 2)$	齿顶高 $h_a = m$
齿根圆直径	d_f	$d_f = d - 2h_f = m(Z - 2.5)$	齿顶高 $h_f = 1.25m$
齿宽	b	$b = (2 \sim 3)p$	齿距 $p = \pi m$
中心距	a	$a = (d_1 + d_2)/2 = (Z_1 + Z_2)M/2$	齿高 $h = h_a + h_f$

标准模数系列见表5-9。

标准模数系列

[出自《通用机械和重型机械用圆柱齿轮　模数》(GB/T 1357—2008)]　表5-9

第一系列	0.1,0.12,0.15,0.2,0.25,0.3,0.4,0.5,0.6,0.8,1,1.25,1.5,2,2.5,3,4,5,6,8,10,12,16,20,25,32,40,50
第二系列	0.35,0.7,0.9,1.75,2.25,2.75,(3.25),3.5,(3.75),4.5,5.5,(6.5),7,9,(11),14,18,22,28,36,45

注：在选用模数时，应优先采用第一系列，其次是第二系列，括号内的模数尽量不用。

三、直齿圆柱齿轮的画法

1. 单个直齿圆柱齿轮的画法

根据国家标准《机械制图　齿轮表示法》(GB/T 4459.2—2003)，齿轮的轮齿部分按规定画,轮齿以外的部分按实际投影绘制,如图5-47所示。

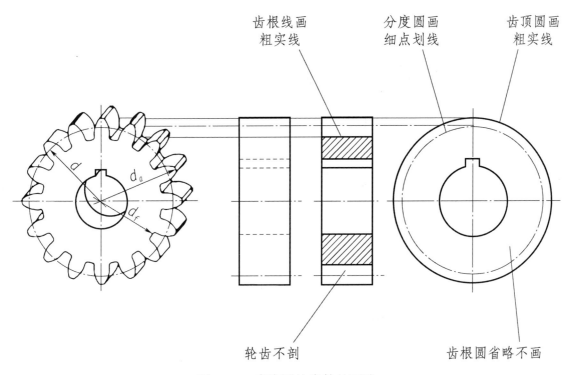

图5-47　直齿圆柱齿轮的画法

画单个齿轮时,通常用两个视图表示。

(1)齿顶圆和齿顶线用粗实线绘制。

(2)分度圆和分度线用细点画线绘制(分度线应超出轮廓线2~3mm)。

(3)齿根圆和齿根线用细实线绘制,也可省略不画。在剖视图中,齿根线用粗实线绘制,此时不可省略。

(4)将齿轮的非圆视图画成剖视图时,规定轮齿部分按不剖绘制。

图5-48为某直齿圆柱齿轮的零件图图纸。

2.两齿轮啮合的画法

两齿轮啮合时,除啮合区外,其余部分均按单个齿轮绘制,如图5-49所示。

(1)为圆的视图中,两节圆应相切,齿顶圆均按粗实线绘制;在啮合区的齿顶圆也可省略不画;齿根圆全部省略不画。

(2)非圆的视图中,当采用剖视且剖切平面通过两齿轮的轴线时,在啮合区将一个齿轮的轮齿用粗实线绘制,另一个齿轮的轮齿被遮住的部分用虚线绘制,虚线也可省略不画。

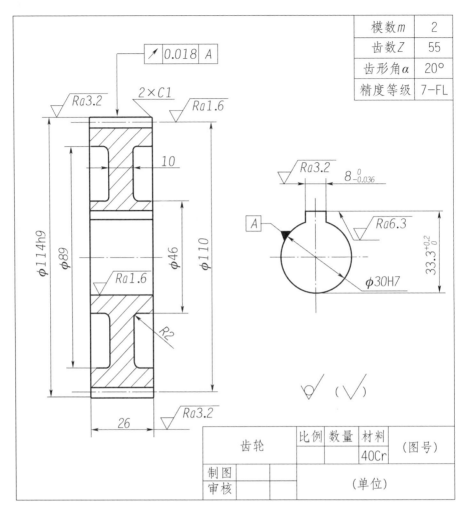

图 5-48　直齿圆柱齿轮的零件图图纸

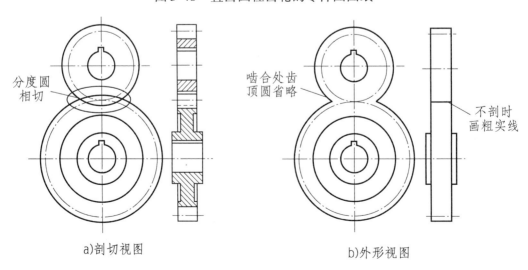

a)剖切视图　　　　　　　　　　b)外形视图

图 5-49　直齿圆柱齿轮啮合的画法

课题五　弹　簧

弹簧是利用材料的弹性和结构特点,通过变形储存能量工作的一种机械零(部)件,可以用于机械的运动控制、减震、夹紧、测力和储能等。其特点是受力后能产生较大的弹性变形,去除外力后能恢复原状。

一、弹簧的种类

弹簧的种类繁多,有圆柱螺旋弹簧、蝶形弹簧、平面蜗卷弹簧、板弹簧等,如图 5-50 所示。使用较多的是圆柱螺旋弹簧,按所受载荷特性不同又可分为压缩弹簧、拉伸弹簧和扭转弹簧三种。本书主要介绍圆柱螺旋压缩弹簧。

| 压缩弹簧　拉伸弹簧　扭转弹簧 | b)蝶形弹簧 | c)平面蜗卷弹簧 | d)板弹簧 |

a)圆柱螺旋弹簧

图 5-50　常用弹簧

二、圆柱螺旋压缩弹簧

1.圆柱螺旋压缩弹簧的参数(图 5-51)

(1)簧丝直径 d:制造弹簧的材料直径。

(2)弹簧外径 D 和内径 D_1:分别指弹簧的最大和最小直径。

(3)弹簧的中径 D_2: $D_2 = (D + D_1)/2$。

(4)有效圈数 n:弹簧受力时实际起作用的圈数。

(5)支承圈数 n_2:为使压缩弹簧受力均匀,增加平稳性,将弹簧两端并紧并磨平的圈数。支承圈有 1.5 圈、2 圈、2.5 圈三种,以 2.5 圈较常用。

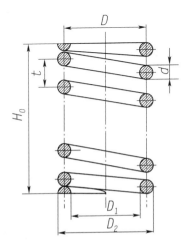

图 5-51　弹簧各部分名称代号

（6）总圈数 n_1 : $n_1 = n + n_2$。

（7）节距 t : 两相邻有效圈在轴向对应点之间的距离。

（8）自由高度 H_0 : 弹簧不受外力作用时的高度, $H_0 = n_t + (n_2 - 0.5)d$。

（9）展开长度 L : 制造弹簧时, 所需弹簧材料的长 : $L \approx n_1 \sqrt{(\pi D)^2 + t^2}$。

（10）旋向 : 弹簧的螺旋方向。旋向分为右旋和左旋两种, 但大多是右旋。其旋向判别方法与螺纹的相同。

2. 圆柱螺旋压缩弹簧的规定画法

（1）单个弹簧的画法。

国家标准规定, 不论弹簧的支承圈是多少, 均可按支承圈为 2.5 圈时的画法绘制。左旋弹簧和右旋弹簧均可画成右旋, 但左旋要注明"LH"。弹簧画图步骤见表 5-10。

弹簧画图步骤   表 5-10

步骤	1. 根据弹簧的自由高度 H_0、弹簧中径 D, 作出矩形 $abcd$	2. 画出支撑圈部分, d 为线径	3. 画出部分有效圈, t 为节距	4. 按右旋旋向（或实际旋向）作相应圆的公切线, 画成剖视图
图形				

（2）弹簧在装配图中的画法。

在装配图中, 被弹簧挡住的结构一般不画, 可见部分应从弹簧的外轮廓线或从弹簧钢丝剖面的中心线画起;当弹簧直径在图上等于或小于 2mm 时, 簧丝剖面可全部涂黑, 轮廓线不画。簧丝直径小于 1mm 时, 可采用示意画法, 如图 5-52 所示。

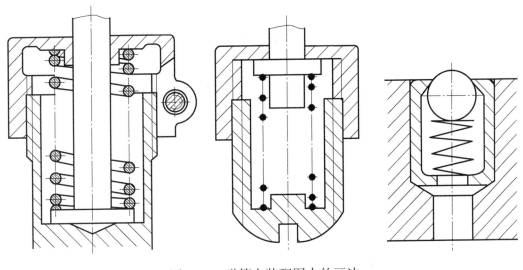

图 5-52　弹簧在装配图中的画法

　滚动轴承

滚动轴承是一种标准件,其作用是支承旋转轴及轴上的机件,它具有结构紧凑、摩擦力小等特点,在机械中被广泛地应用。滚动轴承的规格、型式很多(图 5-53),但都是标准化,可根据使用要求,查阅有关标准选用。

a)调心球轴承　　　　　　b)深沟球轴承　　　　　　c)角接触球轴承

d)推力球轴承　　　　e)双向推力球轴承　　　　f)调心滚子轴承

图　5-53

g)滚针轴承   h)圆锥滚子轴承   i)外圈无挡边圆柱滚子轴承

图 5-53　常见的滚动轴承

一、滚动轴承的分类、结构及代号

1. 滚动轴承的分类

滚动轴承按其所能承受的载荷方向不同分为:

(1)向心轴承:主要承受径向载荷,如深沟球轴承。

(2)推力轴承,主要承受轴向载荷,如推力球轴承。

(3)向心推力轴承:同时承受轴向载荷和径向载荷,如圆锥滚子轴承。

2. 滚动轴承的结构

滚动轴承的种类很多,但其结构大体相同。滚动轴承一般由外(上)圈、内(下)圈和排列在内(上)、外(下)圈之间的滚动体(有钢球、圆柱滚子、圆锥滚子等)及保持架四部分组成,如图 5-54 所示。

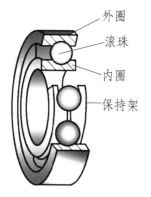
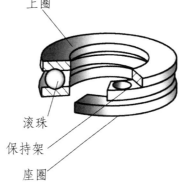
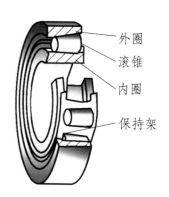

a)深沟球轴承   b)推力球轴承   c)圆锥滚子轴承

图 5-54　滚动轴承的结构

一般情况下,外圈装在机器的孔内,固定不动;内圈套在轴上,随轴转动。

3. 滚动轴承的代号

滚动轴承的类型和尺寸很多,为了便于设计、生产和选用,国标中规定,一般

用途的滚动轴承代号由基本代号、前置代号和后置代号构成,其排列顺序为:

前置代号 基本代号 后置代号

(1)基本代号。

基本代号表示轴承的基本类型、结构和尺寸,是轴承代号的基础。除滚针轴承外,基本代号由轴承类型、尺寸系列代号及内径代号构成。

例:6204

6——类型代号(深沟球轴承),见表5-11;

(0)2——尺寸系列代号(宽度系列代号0,直径系列代号2);

04——内径代号($d = 4 \times 5 = 20$mm),见表5-12。

滚动轴承类型代号   表5-11

代号	轴承类型	代号	轴承类型
0	双列角接触球轴承	7	角接触球轴承
1	调心球轴承	8	推力圆柱滚子轴承
2	调心滚子轴承和推力调心滚子轴承	N	圆柱滚子轴承
3	圆锥滚子轴承	NN	双列或多列圆柱滚子轴承
4	双列深沟球轴承	U	外球面球轴承
5	推力球轴承	QJ	四点接触球轴承
6	深沟球轴承		

部分轴承公称内径代号   表5-12

轴承公称内径(mm)	内径代号	举例
10~17	10　　　　00	深沟球轴6200 $d = \phi 10$mm
	12　　　　01	
	15　　　　02	
	17　　　　03	
20~480 (22、28、32除外)	公称直径除以5的商数,当商为个位数时,需在商数左边加"0",如08	深沟球轴6208 $d = \phi 40$mm
22、28、32	用公称内径毫米数直接表示,但在与尺寸系列代号之间用"/"分开	深沟球轴62/22 $d = \phi 22$mm

(2)前置、后置代号。

前置、后置代号是轴承在结构形状、尺寸、公差、技术要求等有改变时,在其基本代号左右添加的补充代号。

二、滚动轴承的画法

滚动轴承是标准部件,不必画出它的零件图,只需在装配图中根据给定的轴承代号,从轴承标准中查出外径 D、内径 d、宽度 $B(T)$ 等几个主要尺寸。当需要较形象地表示滚动轴承的结构特征和载荷特性时,采用特征画法;在滚动轴承的产品图样、样本、标准、用户手册和使用说明书中采用规定画法。

1. 深沟球轴承的画法

深沟球轴承的画法如图5-55所示。

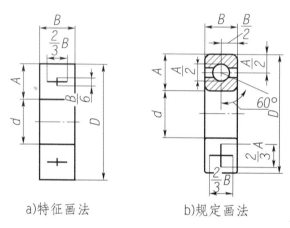

a)特征画法   b)规定画法

图 5-55   深沟球轴承画法

2. 圆锥滚子轴承的画法

圆锥滚子轴承的画法如图5-56所示。

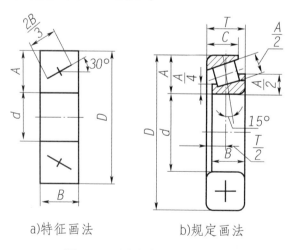

a)特征画法   b)规定画法

图 5-56   圆锥滚子轴承画法

3.推力球轴承的画法

推力球轴承的画法如图 5-57 所示。

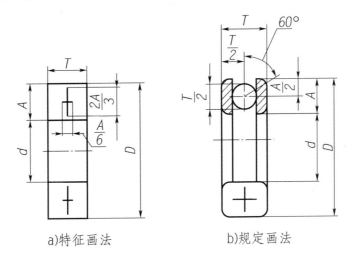

a)特征画法　　　　b)规定画法

图 5-57　推力球轴承画法

单元六 装 配 图

 知识目标

  1. 理解装配图的定义。

  2. 熟悉掌握装配图的作用、内容,零部件序号和明细栏的有关规定;装配图的规定画法和特殊表达方法。

  3. 了解装配体的名称、用途、结构及工作原理;装配体上各零件之间位置关系、装配关系及连接方式。

技能目标

  1. 通过识读零件的相互位置、装配关系及传动路线,了解装配图的基本组成。

  2. 掌握画装配图的方法和步骤,了解每个零件的作用及主要的结构形状。

  3. 利用装配图,理解装配机械或部件的规格、性能、功用和工作原理。

素养目标

  1. 作图时能保持图面清晰、整洁;工具、仪器摆放整齐。

  2. 能主动与学习小组成员沟通,与教师建立良好的人际关系。

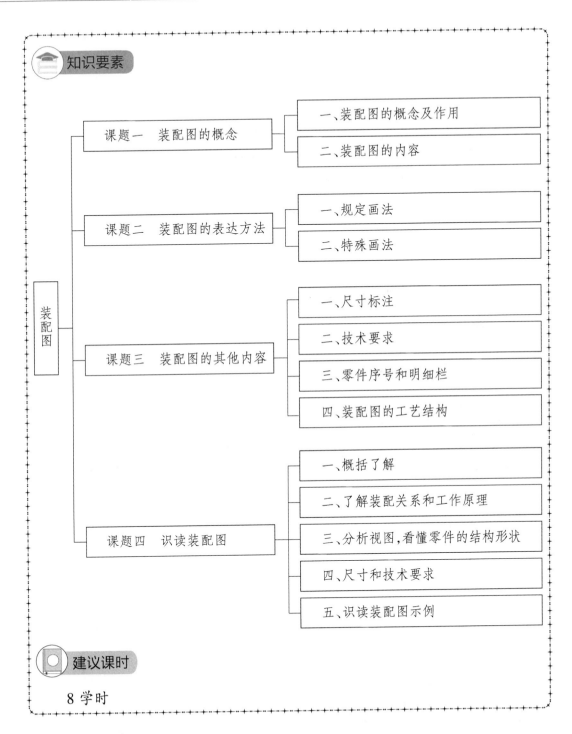

知识要素

装配图

课题一　装配图的概念
- 一、装配图的概念及作用
- 二、装配图的内容

课题二　装配图的表达方法
- 一、规定画法
- 二、特殊画法

课题三　装配图的其他内容
- 一、尺寸标注
- 二、技术要求
- 三、零件序号和明细栏
- 四、装配图的工艺结构

课题四　识读装配图
- 一、概括了解
- 二、了解装配关系和工作原理
- 三、分析视图,看懂零件的结构形状
- 四、尺寸和技术要求
- 五、识读装配图示例

建议课时

8 学时

引导案例

　　小张是某中等职业学校汽车维修专业的一名在校学生,正在学习专业基础课《机械制图》,下周就要学到《装配图》这章内容。任课教师要求全体学生上课之前首先了解有关内容。请你根据装配图的相关要素向小张作简要介绍,使他尽快完成课前预习。

 **引例分析**

装配图是表示机器或部件的结构形状、装配关系、工作原理和技术要求的图样,包含一组图形、必要的尺寸、技术要求、编号和明细栏、标题栏等内容,反映机器中零件之间的关系、位置、工作情况、装配方法等,同时也反映出设计者的设计思想。装配图是绘制零件图、零件装配成部件的依据。一般说,先有装配图,再有零件图。

 装配图的概念

一、装配图的概念及作用

1. 装配图的定义

任何机器或部件都是由零件按照一定的装配关系和技术要求装配而成的。表示机器或部件的结构形状、装配关系、工作原理和技术要求的图样称为装配图。

2. 装配图的作用

零件图只能反映单个零件的结构和技术要求,不能反映它在机器之中的位置、作用;装配图则反映机器中零件之间的关系、位置、工作情况、装配方法等,反映出设计者的设计思想。装配图是绘制零件图、零件装配成部件的依据。一般来说,先有装配图,再有零件图。装配图表达零件的主要形状,具体形状要看零件图。

二、装配图的内容

图6-1为齿轮泵的装配图,装配图一般应包括以下几方面内容。

1. 一组图形

用于正确、完整、清晰地表达装配体或部件的工作原理、零件之间的装配关系和主要结构形状。

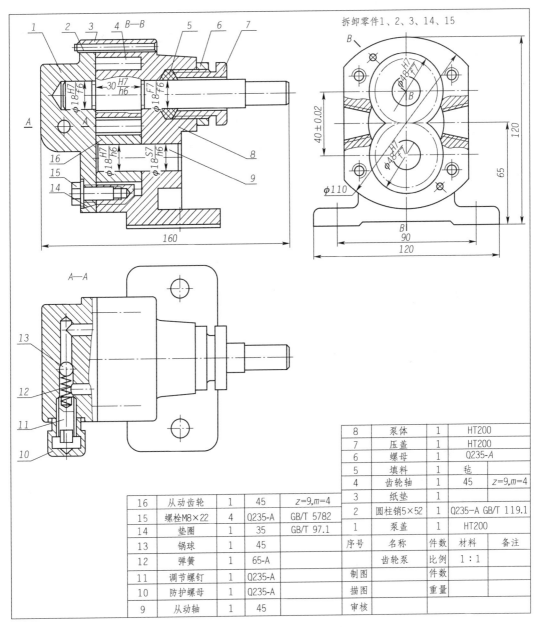

图 6-1　齿轮泵装配图

2.必要的尺寸

必要的尺寸主要是指与部件或机器有关的性能(规格)尺寸、装配尺寸、安装尺寸、整体外形尺寸等。

3.技术要求

同零件图一样,无法用图形或不便用图形表示的内容需要用技术要求加以说明,通常采用文字和符号等补充说明机器或部件的加工方式、装配方法、检验要点和安装调试手段、包装运输等技术要求。技术要求应该工整地注写在视图的右方或下方。

4.编号和明细栏

为便于查找零件,装配图中的每一个部件、标准件均应进行编号,按照编号在标题栏的上方画出零件的明细表,说明每一个零件的序号、名称、材料、数量、质量等。

5.标题栏

填写图名、图号、设计单位,制图、审核、日期和比例等。

课题二 装配图的表达方法

零件的各种表达方法,如视图、剖视图、断面图、局部放大图等,同样适用于装配图。但由于装配图和零件图的表达重点不同,因此,装配图还有一些规定画法和特殊表达方法。

一、规定画法

(1)如图6-2所示,相邻两零件接触表面和配合面规定只画一条线,不接触和非配合表面画两条线。

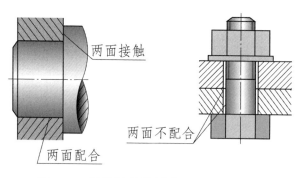

图6-2 相邻零件接触表面和配合表面

(2)两零件邻接时,不同零件的剖面线方向应相反,或者方向一致、间隔不等;同一零件在各个视图上的剖面线方向和间隔必须一致,如图6-3所示。

(3)同一零件在各视图中的剖面线方向和间隔必须一致,如图6-4所示。

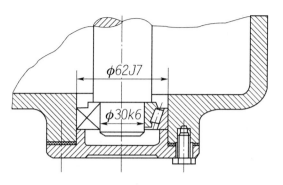

图6-3　相邻两零件接触剖面

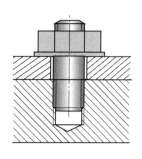

图6-4　相邻两零件
接触剖面

（4）在装配图中,对于标准件（如螺栓、螺母、键和销等）和实心零件（如轴、连杆、手柄等）,当剖切面通过其轴线做纵向剖切时均按不剖绘制。如需要特别表明零件的结构,如凹槽、键槽、销孔等,则可采用局部剖视图表示,如图6-5所示。

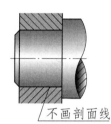
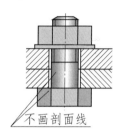

图6-5　实心件和紧固件的画法

二、特殊画法

1.拆卸画法

在画装配图中的某一视图时,当有一个或几个零件遮住了需要表达的结构或装配关系时,可以假想拆去一个或几个零件后,再画出某一视图,这种画法称为拆卸画法。拆卸画法的拆卸范围比较灵活,可以将某些零件全拆,也可以将某些零件半拆。半拆时以对称线为界,类似于半剖。还可以将某些零件局部拆卸,此时,以波浪线分界,类似于局部剖。采用拆卸画法时,一般应在其视图的上方标注出"拆去××等"字样,如图6-6所示。

2.沿结合面剖切画法

零件结合面区域不画剖面线,但被切断的其他零件应画剖面线。剖切范围可根据需要灵活选择半剖、全剖或局部剖。图6-7所示为局部剖画法。

3.假想画法

（1）在装配图中为了表示某些零件的运动范围和极限位置时,可用双点画线画出该零件的极限位置图。

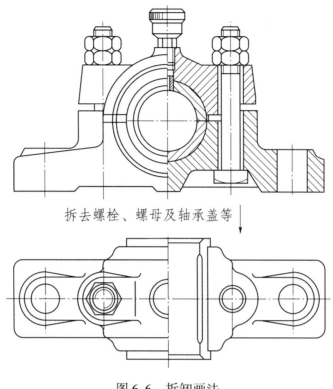

图 6-6 拆卸画法

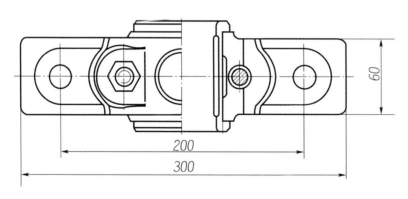

图 6-7 局部剖画法

（2）当需要表达本部件与相邻部件间的装配关系时,可用双点画线画出相邻部件的轮廓线,如图 6-6 中主轴箱所示的位置。

4. 展开画法

为了表示传动机构的传动路线和装配关系,可假想用剖切平面沿传动路线上各轴线顺序剖切,并依次展开在同一平面内,画出其剖视图,这种画法称为展开画法,如图 6-8 所示。

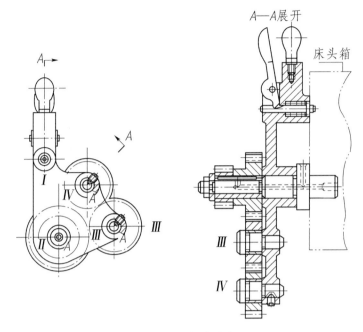

图 6-8　展开画法

5.简化画法

(1)装配图中若干相同的零件组时,如螺栓、螺钉等允许只画出一组,其余用细点画线表示中心位置即可,如图 6-9a)所示。

(2)装配图中的零件的工艺结构,如小圆角倒角倒圆、退刀槽等允许省略不画;螺纹紧固件也可采用简化画法,如图 6-9b)所示。

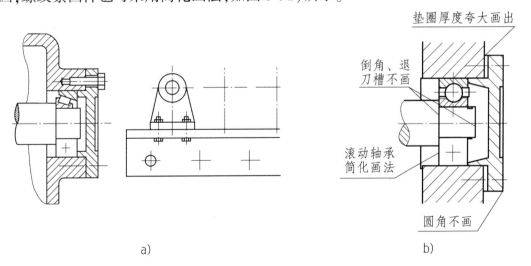

图 6-9　简化画法

(3)装配图中滚动轴承允许按规定画法绘制。

6.夸大画法

装配图中的薄片、密封垫片、细金属丝小间隙、小斜度、小锥度等允许夸大画出,如图 6-10a)所示;对于厚度、直径小于或等于 2mm 的薄、细零件,可用涂黑代替剖面符号,如图 6-10b)所示。

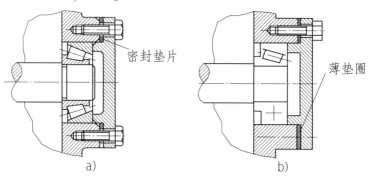

图 6-10 夸大画法

7.单独表示零件的方法

当个别零件在装配图中未表达清楚而又需要表达时,可单独画出该零件的视图,标注方法与局部视图类似,如图 6-11 所示。

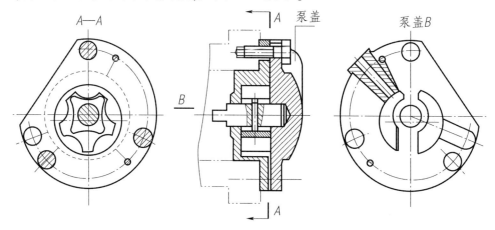

图 6-11 单独表示零件的方法

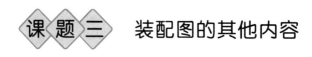

课题三 装配图的其他内容

一、尺寸标注

装配图上应标注与装配体有关的性能装配、外形、安装等尺寸,不必注出全

部尺寸。

1.性能尺寸

性能尺寸是指用以表明装配体工作性能或规格的尺寸。

2.装配尺寸

装配尺寸是指装配体上零件间相互配合时有公差要求的尺寸及保证零件相对位置的尺寸。

(1)配合尺寸:零件间有公差配合要求的尺寸。

(2)连接尺寸:装配图上各零件间的装配连接尺寸,如螺栓、销的定位尺寸。

(3)相互位置尺寸:表示零件间和部件间安装时必须保证其相对位置的尺寸。

(4)装配时需加工的尺寸:为保证装配要求,有关零件需装配在一起后再进行加工,此时应注出加工尺寸。

3.安装尺寸

安装尺寸是指机器或部件安装在某个固定位置时所需要的尺寸。

4.总体尺寸

总体尺寸是指装配体外形轮廓和所占空间的尺寸,即总长、总宽、总高尺寸。

5.其他重要尺寸

根据装配体结构特点和需要,必须标注的尺寸,如运动零件的极限尺寸、重要零件间的定位尺寸等。

二、技术要求

装配图上技术要求的内容,主要包括装配要求、检验要求、安装使用要求等。应根据装配体的结构特点和使用性能恰当填写。技术要求一般写在装配图的右下角。

1.装配要求

装配要求是指装配时注意事项和装配后应达到的性能指标等,如装配方法、装配精度等。

2.检验要求

检验要求是指检验、试验的方法和条件以及应达到的指标。

3.安装使用要求

安装使用要求是指机器在安装使用、维修保养时的要求。

技术要求通常写在图形下方空白处,内容太多时可以另编技术文件。

三、零件序号和明细栏

1. 零件序号

为了便于读图和图样管理,必须对装配体中每种零部件编写序号,并在标题栏上方编写相应的明细栏。

(1)零件、部件序号的编写。

为了便于看图和图样管理,装配图中所有零件、部件都必须编写序号。相同的零件、部件编写一个序号,一般只标注一次。序号应注写在视图外明显的位置。序号的注写形式,如图6-12所示。

①在所指零件、部件的可见轮廓内画一圆点,然后从圆点开始画指引线(细实线),在指引线的另一端画水平线或圆(细实线),在水平线上或圆内注写序号,序号的字高比装配图中所注尺寸数字的高度大一号或两号,如图6-12a)所示。

②在指引线的另一端附近直接注写序号,序号字高比装配图中所注尺寸数字高度大两号,如图6-12b)所示。

③若所指部分(很薄的零件或涂黑的剖面)内不便画圆点,可在指引线的末端画出箭头,并指向该部分的轮廓,如图6-12c)所示。在同一装配图中,编写序号的形式应一致。

④指引线相互不能交叉。当通过有剖面线的区域时,指引线不应与剖面线平行;必要时,指引线可以画成折线,但只可曲折一次,如图6-12d)所示。

⑤一组紧固件以及装配关系清楚的零件组,可以采用公共指引线,如图6-12e)所示。

⑥序号应按顺时针(或逆时针)方向整齐地顺序排列。如在整个图上无法连续,只可在每个水平或垂直方向顺此排列,如图6-12f)、图6-12g)所示。

(2)编号规定。

①每一种规格零件编一个序号,与明细栏中序号一致。相同零件明细栏中注明数量。

②组合标准件只编一个序号(如滚动轴承、油杯、电动机)。

③装配图中序号应顺时针或逆时针方向。全图按水平方向或垂直方向整齐排列。

2. 零件明细栏的编写

零件明细栏包括序号、名称、数量、材料、备注等内容。

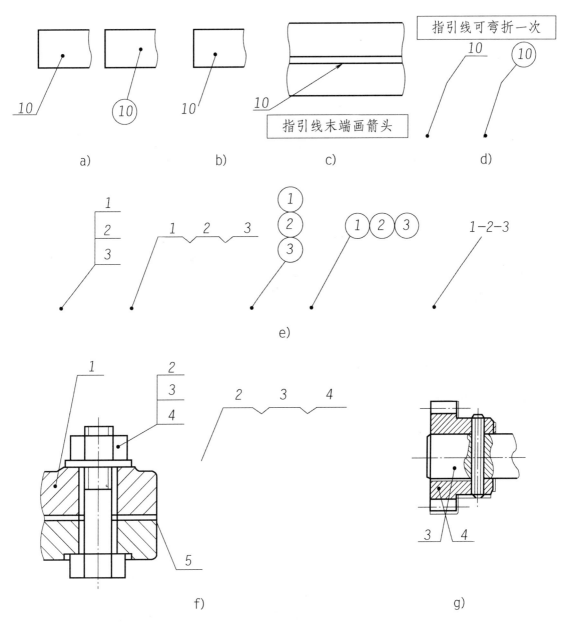

图 6-12　零件序号的写法

明细栏一般配置在装配图中标题栏上方,并与标题栏平齐。填写序号时应按由下而上进行。当标题栏上方位置不够时,可在标题栏左方继续列表由下向上填写。注意:先编零件序号再填明细栏。

四、装配图的工艺结构

装配体内的各零件结构除要达到设计要求外,还要考虑其装配工艺,否则,会影响装配质量,装卸困难,其至达不到设计要求。

1.接触面与配合面

(1)两个零件在同一个方向上,只能有一个接触面或配合面,如图 6-13 所示。

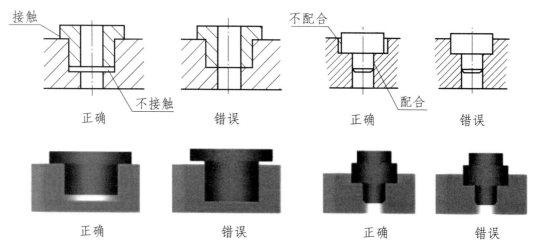

接触

不接触

不配合

配合

正确　　　　　错误　　　　　正确　　　　　错误

正确　　　　　错误　　　　　正确　　　　　错误

图 6-13　常见工艺结构(一)

(2)当轴与孔配合且轴肩与孔的端面相互接触时,应在孔的接触端面制成倒角或在轴根部切槽,以保证有良好的接触,如图 6-14 所示。

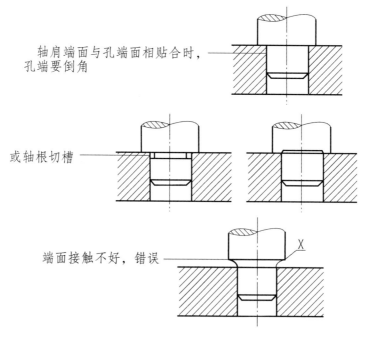

轴肩端面与孔端面相贴合时,孔端要倒角

或轴根切槽

端面接触不好,错误

图 6-14　常见工艺结构(二)

(3)由于锥面配合能同时确定轴向和径向的位置,因此,当锥孔不通时,锥体和锥孔之间的底部必须留有间隙,如图6-15所示。

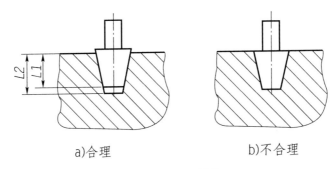

a)合理　　　　　　　　　　b)不合理

图6-15　常见工艺结构(三)

(4)凸台、凹坑保证接触良好,如图6-16所示

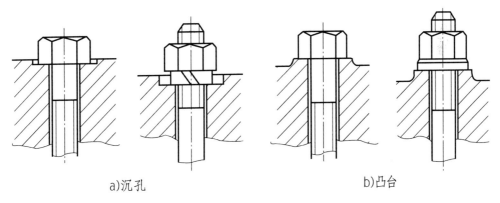

a)沉孔　　　　　　　　　　　　b)凸台

图6-16　常见工艺结构(四)

2. 螺纹连接的合理结构

螺纹连接是一种可以拆卸的连接,在机器上使用非常广泛。运用螺纹的连接作用来连接和紧固一些零部件的零件称螺纹连接件。合理的螺纹连接结构如下。

(1)保证螺纹紧固件到位,如图6-17所示。

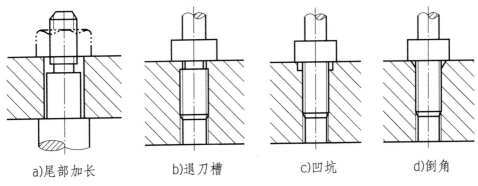

a)尾部加长　　　b)退刀槽　　　c)凹坑　　　d)倒角

图6-17　常见工艺结构(五)

（2）要留出扳手活动空间及螺栓装、拆空间，如图6-18所示。

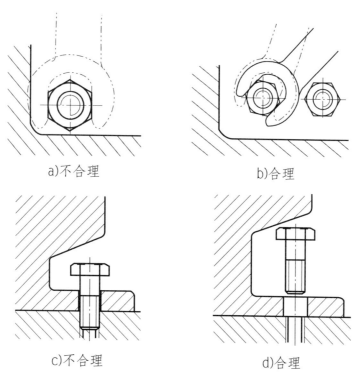

a)不合理   b)合理

c)不合理   d)合理

图6-18 常见工艺结构（六）

3．滚动轴承的固定、密封结构

为了使轴在工作时保持正确的位置并能承受轴向载荷，滚动轴承必须进行轴向固定。轴向固定的方法，通常可采用螺母、挡圈、压板等配合轴肩和套筒实现轴上零件的轴向固定，如图6-19所示。

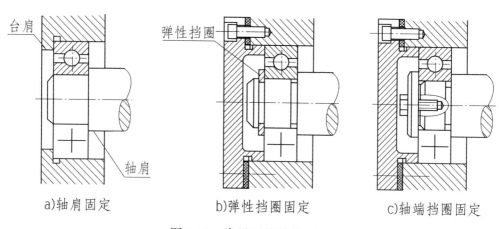

a)轴肩固定   b)弹性挡圈固定   c)轴端挡圈固定

图6-19 常见工艺结构（七）

课题四　识读装配图

装配图是表达设计意图和设计要求的过程。而读装配图是通过对图形、尺寸、标题栏、明细栏及技术要求的分析,了解设计意图和要求的过程。只有读懂装配图,才能在装配时,将零件正确地组装成部件和机器;在维修时,才能进行正确地拆装,准确地分析和解决问题;在技术交流时,才能表达清楚。为此,我们一定要掌握装配图的识读方法。

一、概括了解

(1)了解标题栏:从标题栏中可了解装配体的名称、比例和大致用途。

(2)了解明细栏:从明细栏和序号可知零件的名称、数量、材料和种类等,从而略知其大致的组成情况及复杂程度。

(3)初步看视图:分析表达方法和各视图之间的关系,可弄清各视图表达重点。

二、了解装配关系和工作原理

在一般了解的基础上,结合有关说明书,分析装配体的装配关系和工作原理,这是看装配图的一个重要的环节。分析各装配干线,弄清零件相互的配合、定位和连接方式。此外,对运动件的润滑、密封形式等,也要有所了解。

三、分析视图,看懂零件的结构形状

分析视图,了解各视图、剖视图、断面图等之间的投影关系及表达意图。了解各零件的主要作用,看懂零件的主要结构。分析零件时,应从主要视图中的主要零件开始分析,可按"先简单,后复杂"的顺序进行。有些零件在装配图上不一定完全表达清楚,可配合零件图来读装配图。

常用的分析方法有:

(1)利用剖面线的方向和间隔不同来分析。同一零件的剖面线,在各个视图上方向、间隔都是一致的。

(2)利用规定画法来分析。如实心件在装配图中规定沿轴线方向剖开的可不画剖面线,据此能迅速地将丝杆、手柄、螺钉、键、销等零件区别出来。

(3)利用零件序号,对照明细栏来分析。

四、尺寸和技术要求

1．尺寸分析

找出装配图中的性能（规格）尺寸、装配尺寸、安装尺寸、总体尺寸和其他重要尺寸。

2．技术分析

一般是对装配体提出的装配要求、检验要求和使用要求等进行分析。

拆画零件图的过程中，要注意以下几个问题：

（1）在装配图中没有表达清楚的结构，要根据零件功用零件结构和装配关系，加以补充完善。

（2）装配图上省略的细小结构、圆角、倒角、退刀槽等，在拆画零件图时均应补上。

（3）装配图主要是表达装配关系。因此，考虑零件视图方案时，不应该简单照抄，要根据零件的结构形状重新选择适当的表达方案。

（4）零件图的各部分尺寸大小在装配图上按比例直接量取，并补全装配图上没有的尺寸的表面结构符号、尺寸公差、几何公差等技术要求。

五、识读装配图示例

1．识读齿轮油泵装配图

识读齿轮油泵装配图（图6-20）的步骤如下：

（1）了解标题栏。

从标题栏中可知该装配体名称是球阀。球阀在管路中主要用来做切断、分配和改变介质的流动方向，广泛应用在石油炼制、长输管线、化工、造纸、制药、水利、电力、市政、钢铁等行业。它具有旋转90°的动作，旋塞体为球体，有圆形通孔或通道通过其轴线。

（2）了解明细栏。

从明细栏和序号可知球阀共由13种零件组成，其中标准件有2种，其他为专用件。所用的比例为1∶2，即绘制图形的大小是实际装配体的1/2。

（3）初步看视图。

该球阀装配图共采用了3个基本视图表达。主视图采用全剖视，表达各零件之间的装配关系。左视图采用沿左端盖处的凸缘与泵体结合面剖开，以表达球阀的外形、工作原理，俯视图中运用局部剖视的方法来表达手柄位置与尺寸。

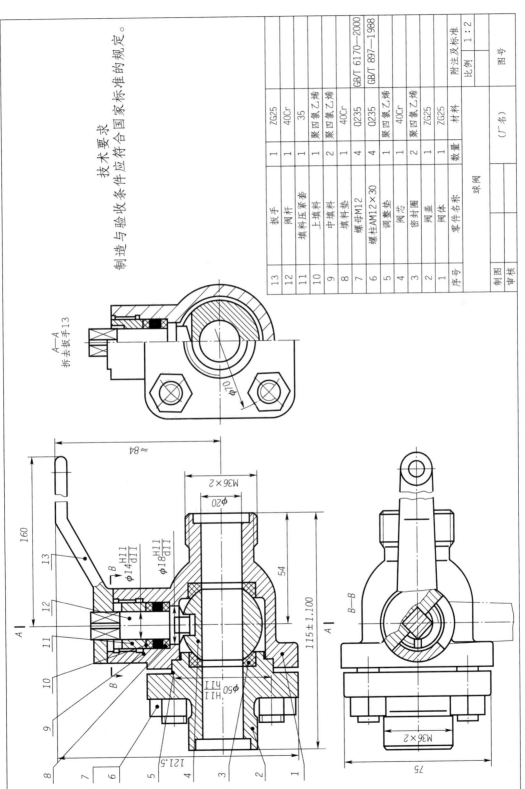

图6-20 球阀装配图

13	扳手	1	ZG25	
12	阀杆	1	40Cr	
11	填料压紧套	1	35	
10	上填料	1	聚四氯乙烯	
9	中填料	2	聚四氯乙烯	
8	填料垫	1	40Cr	
7	螺母M12	4	Q235	GB/T 6170—2000
6	螺柱AM12×30	4	Q235	GB/T 897—1988
5	调整垫	1	40Cr	
4	阀芯	1	聚四氯乙烯	
3	密封圈	2	聚四氯乙烯	
2	阀盖	1	ZG25	
1	阀体	1	ZG25	
序号	零件名称	数量	材料	附注及标准
	球阀			比例 1:2
制图		(厂名)		图号
审核				

技术要求

制造与验收条件应符合国家标准的规定。

（4）了解球阀的装配关系与工作原理。

读主视图可知：阀体1内腔有两个密封圈3和阀芯4，阀芯位于两个密封圈之间；阀芯4上部与阀杆12相连，为防止漏水，阀体1与阀杆12之间设有密封装置（即填充圈8、中填充剂9、上填充剂10），并加填充压紧盖11，阀杆12最上端与扳手连接；阀盖2通过标准件（螺栓6、螺母7）与阀体1相连接。

扳动手柄，当手柄中心线与阀体轴中心线重合时，此时阀芯通孔与阀体通孔一致，球阀完全打开；当手柄中心线与阀体轴中心线呈90°时，阀芯通孔与阀体通孔也呈90°，球阀完全关闭。

（5）分析尺寸，了解技术要求。

球阀装配图中标注的装配尺寸有三处，φ50H11/h11是阀盖2、阀体1的配合尺寸，φ14H11/d11是阀杆12与填料压紧套的配合尺寸；φ18H11/d11是阀杆台阶与阀体1的配合尺寸，两者配合间隙过小影响手柄工作，若间隙过大，则影响水管压力与阀体的密封性。此外，还有总体尺寸115/75/121.5和其他重要尺寸。

2. 识读旋塞装配图

识读旋塞装配图（图6-21）的步骤如下：

（1）概括了解。

由图6-20的标题栏得知，该装配体的名称为旋塞，又称栓塞，俗称考克（cock），属动阀之一，可用铸铁、高硅铁、陶瓷、黄铜、塑料等制成。一般最高可用于表压1.01MPa（10大气压）和温度120℃的场合。阀体的中心孔内插入一个有孔而可旋转的锥形栓塞，当栓塞的孔正朝着阀体的进出口时，流体就可通过栓塞。当栓塞转90°而其孔完全被阀体挡住时，流体就不能通过栓塞，因而可起启闭作用，又可起调节作用。

（2）了解装配体的各组成零件的名称、数量、材料等。由图6-21标题栏明细表可知，它由11种零件组成，其中标准件4种，其他零件7种。

（3）分析视图表达方法。

由图6-21知，采用3个基本视图，主视图采用半剖视图，主要表达旋塞壳、塞子、垫片、旋塞盖、填充剂、填充剂压盖和双头螺栓的装配关系；左视图表达从左边看到的旋塞外形。

（4）分析各零件间的连接方式和装配关系。

由图6-21知，塞子安装在旋塞壳上，通过垫片及旋塞盖压紧，填充剂起密封作用；旋塞盖4通过螺栓与旋塞壳1相连，填充剂压盖6通过双头螺柱7与旋塞盖4相连。

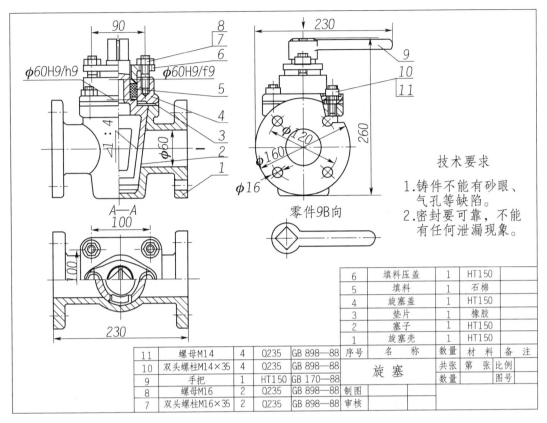

图 6-21　旋塞装配图

（5）分析必要的尺寸。

中 $\phi60H9/h9$ 是旋塞盖与塞子的配合尺寸，230 是旋塞总长尺寸，230 是旋塞总宽尺寸，260 是旋塞总高尺寸。

（6）综合归纳想象整体。

经上述分析后，进行综合归纳，想象出旋塞的整体形状。

参 考 文 献

[1] 凤勇.汽车机械基础[M].4 版.北京:人民交通出版社股份有限公司,2019.

[2] 侯涛.机械识读[M].北京:人民交通出版社股份有限公司,2019.

[3] 陈秀华,易波.汽车机械制图[M].北京:人民交通出版社股份有限公司,2019.

[4] 辛东生.机械制图与 AutoCAD[M].北京:人民交通出版社股份有限公司,2020.

[5] 何向东.汽车机械基础[M].2 版.北京:人民交通出版社股份有限公司,2021.

[6] 崔陵.机械识图[M].北京:高等教育出版社,2018.

[7] 刘涛.机械识图[M].北京:中国劳动社会保障出版社,2019.

[8] 杨欣,玉强,马晶.机械识图一点通[M].北京:机械工业出版社,2020.

[9] 胡建生.机械制图[M].2 版.北京:机械工业出版社,2021.

[10] 王军红,史卫华.机械制图与 CAD[M].2 版.北京:机械工业出版社,2022.

[11] 董文杰,石亚萍.机械制图[M].北京.人民邮电出版社,2018.

[12] 刘晓芬.机械基础[M].北京.电子工业出版社,2017.